851M
我们的科学文化

科学的政治

主　　　编：江晓原　刘　兵
本期执行主编：方益昉

上海交通大學出版社

内容提要

一批“科学文化人”本着“君子和而不同”之旨，在《851M：我们的科学文化》中各抒己见，贡献出自己最新的思想和最具创意的文章。本书为第9辑，主题为科学的政治，内容涉及控烟、全球变暖、核电、自然环境等方面，还有科学文化最新书籍信息与书评，以及相关学位论文摘要。

本书适合对科学文化感兴趣的大众读者及相关研究者阅读。

图书在版编目（CIP）数据

科学的政治/江晓原，刘兵主编. —上海：上海交通大学出版社，2017

（我们的科学文化）

ISBN 978-7-313-16165-9

Ⅰ. ①科… Ⅱ. ①江…②刘… Ⅲ. ①科学社会学–研究

Ⅳ. ①G301

中国版本图书馆 CIP 数据核字（2016）第 276366 号

科学的政治

主　　编：江晓原　刘　兵

出版发行：上海交通大学出版社　　地　　址：上海市番禺路951号

邮政编码：200030　　电　　话：021-64071208

出 版 人：郑益慧

印　　制：常熟市文化印刷有限公司　　经　　销：全国新华书店

开　　本：787mm×960mm　1/16　　印　　张：13

字　　数：170千字

版　　次：2017年1月第1版　　印　　次：2017年1月第1次印刷

书　　号：ISBN 978-7-313-16165-9/G

定　　价：49.00元

目　录

自然环境

科学文化图书资讯

学位论文摘要

主编献辞

保持底气，弘扬大气，正视科学

方益昉

2012 年是雷切尔·卡森（Rachel Carson）的经典名著《寂静的春天》发表 50 周年。从年初起，我就注意收集海内外纪念该作品与作者的活动信息。世界各地从事环保、社会、文化、政治的人士，大凡认同“只有一个地球”主张的，都分别出于各自视角，重提环保斗士雷切尔·卡森及其《寂静的春天》，以此表达对作者的缅怀，对环境的关爱，对科学的反思，对政治的警觉，继而延伸到对人类的终极关怀。相比之下，国内媒体基本没有刊出有影响的纪念文字，即使到了年底，媒体开始热衷谈论“生态文明建设”，其内涵明显缺乏草根基础，也缺乏对利益集团破坏生态的冲击力。

大陆媒体在某种程度上的文化缺失与质疑缺失，正是现阶段社会落后于世界主流的部分原因所在。回顾《寂静的春天》，一个往往被忽略的细节是：该书的首版初稿，是作为前线记者的现场报道，分三次连载于 1962 年 6 月版《纽约客》上（封面见下图）。《纽约客》作为一份另类、先锋的都市青年杂志，撑起了引领世界半个世纪的绿色大旗，真可谓功德无量。有朝一日，我们的时尚媒体、评论媒体、政经媒体，所有那些自诩一流或者主流的大众媒体，也能发出引领全局的独立观察，那么，文化的春天就真正降临在平面媒体和数字媒体上了，国人的全球化文化自信就真实饱满了。

连续刊登三期《寂静的春天》初稿的《纽约客》封面

有感于《寂静的春天》和《纽约客》的史料，本人着手思考如何编一本有质量的科学文化读物，就有了现实意义上的参照物。一直以来，即使在科学史与科学文化领域的反科学主义学者同盟里，视角也经常交错，观点也时常冲突，有时碰撞得还相当激烈。基于这些思想火花，学界往往及时启动案例研讨、理论思考，最终学术得以进步。本辑采用的主要编辑思路，即为热点的聚焦冲突。

晚春时节，阴雨绵绵，刘兵教授远道来沪，我们提议去浦东尝试久闻的保健养生餐。饭后刘教授感叹道："保健养生作为一种整体的人文修养，最后被商家归纳为食材养分的几斤几两，方能吸引食客，还是科学主义套路有卖点。"江晓原教授的应答明显偏离了一贯的反科学主义路数："总不能要求店家吆喝自家的食材无益健康吧?"于是就有了一番讨论，当晚的话语结局是：本期约稿可以确定几个话题，将正反双方的观点同时摆在一起辩论，形成一组科学政治学的主题。

复旦大学公共卫生学院李枫教授坚持吸烟有害健康的观点，同时摆出了反对烟草工业的勇者学人姿态；来自美国南密西西比大学公共卫生系卫生政策及管理专业的谢悦教授，则以数据阐述了吸烟的另一面，我们将其文翻译后收辑。上述两篇文章自成一个小专题。事实上，医学界一直掌握着吸烟能有效抑制某些恶性肿瘤发生发展的数据，却一直苦于缺乏与大众媒体正面对接的解释路径，有效传播这批与常识相悖的学术研究成果。作为我们的学术同仁，哈佛大学科学史系布兰特（Allan M. Brandt）教授2007年的著作《百年烟草史》[①] 值得参考。

日本大地震之后，针对福岛核电站事故的反思与争论，一直没有停息，上海核工程研究设计院程平东研究员的文章相当有代表性。我们同时辅以钱骕的文章，相关问题的背景展示就更加清晰了。

我们在2012年纽约书展上及时发现了迈克尔·曼恩（Michael E. Mann）的新书《曲棍球杆和气候大战》（*The Hockey Stick and the Climate Wars*）上市，第一时间请孙萌萌全面综述全球气候变暖到底是利益集团编撰的伪命题，还是客观存在。通过江晓原教授的指点，她在大量原始资料的基础上，形成了一篇非常值得一读的科学史文献。在此，我向对此话题有兴趣的同行推荐美国国家科学院和中国“台湾中央研究院”双料院士许靖华教授的最新著作《气候创造历史》[②]。

石海明的论文摘要直奔科学政治主题，与其他几位作者关注传统科学史话题的论文摘要，以及保持科学史研究特色的《北京观鸟会活动科学传播研究》一文，同时出现在本辑版面上，无疑体现了本书的中心思想：我们既要保持经典科学史的学术底气，更要具备弘扬科学文化的大格局、大视野。

能否真正实现上述的底气与大气，本质上取决于科学史和科学文化研究者的总体实力。科学史的学科发展，来源于对各类技术史的发掘、归纳与延伸。在目前的学科建制中，科学史属于少数几门不设二级学科的专业之一，因此“海纳百川、门类繁多”成为本学科的特点，而“主动交叉兄弟学科”更是对该领域学者素养的基本要求。技术的历史长则成百上千年，短则几年、几十

① Allan M. Brandt. The Cigarette Century: The Rise, Fall, and Deadly Persistence of the Product that Defined America [M]. Basic Books, March 12, 2007.

② 许靖华. 气候创造历史 [M]. 甘锡安，译. 台北：联经出版公司，2012.

年。我们的科学文化，最终能否营造出一个兼具历史眼光和现实关怀的博大学术环境，就在于我们自身能否调整嗜古的自恋、培育直面现实的勇者心态。但愿我们自我要求的独立思考、底气大气，在本辑“科学的政治”主题中有所诠释。

控　　烟

控烟和健康

李　枫（复旦大学健康教育教研室）

吸烟已成为当今世界最严重的社会性问题之一。WHO（世界卫生组织）称吸烟是严重威胁人类生命的21世纪瘟疫。三分之一的吸烟者因吸烟而死亡，其中二分之一为中年人。吸烟危及周围的不吸烟者，特别是儿童和妇女，而且严重污染环境，成为社会一大公害。没有其他任何习惯有类似这种程度的危害。据WHO估计，目前全世界每年死于烟草的人数达300万，预计到2025年将增加到1 000万，其中700万死亡将发生在发展中国家；但WHO又指出，吸烟是最可能通过健康教育和健康促进进行干预的不良生活方式，消除吸烟危害是世界性趋势和历史性潮流。

中国目前是世界上最大的烟草生产国和消耗国，有超过66%的男性吸烟，总吸烟人口为3.2亿，占全世界吸烟总人口的四分之一，且每年以2%的速度递增。有关研究表明：中国每年有80万人死于因吸烟引起的疾病，到21世纪中叶，每年会有300万人死于与吸烟有关的疾病，占成年男性死亡总数的13%。在所有吸烟所致的死亡中，慢性阻塞性肺部疾病占45%，肺癌占15%。研究证明：长期吸烟的人群中，大约一半在中年或老年期因吸烟而死亡。如果目前中国的吸烟率不变，即三分之二的男性（少数女性）在 25 岁之前成为吸烟者，那么在 29 岁以下的 3 亿年轻男性中，最终将有 1 亿人会因吸烟而死亡，其中半数死亡发生在中年期，另一半发生在老年期。所有的关于人群吸烟率、吸烟量、烟草生产和消费的数据均表明，中国的吸烟现状非常严重，如果不能采取积极有效的措施控制烟草瘟疫的蔓延，将会影响到我们每一个人以及下一代的身体健康，几十年后因吸烟带来的各种危害将会严重影响中华民族的整体人口素质。

自 1970 年以来，世界卫生大会已通过 16 个烟草或健康决议，鼓励成员国实施综合性国家控烟政策。WHO 将 1988 年 4 月 7 日这一 WHO 成立 40 周年的纪念日作为世界第一个无烟日（现将每年一度的无烟日定为 5 月 31 日），这是 WHO 第一次表明全球性的战略行动。

世界卫生组织的历届主题如下表所示。

世界卫生组织历届主题列表

序号	年份	主题
1	1988	要烟草还是要健康，请您选择
2	1989	妇女与烟草
3	1990	青少年不要吸烟
4	1991	在公共场所和公共交通工具上
5	1992	工作场所不吸烟
6	1993	卫生部门和卫生工作者反对吸烟
7	1994	大众传播媒介宣传反对吸烟
8	1995	烟草与经济
9	1996	无烟的文体活动
10	1997	联合国和有关机构反对吸烟
11	1998	在无烟草环境中成长
12	1999	戒烟（口号：放弃香烟）
13	2000	不要利用文体活动促销烟草（口号：吸烟有害，勿受诱惑）
14	2001	清洁空气，拒吸二手烟
15	2002	无烟体育——清洁的比赛
16	2003	无烟草影视及时尚行动
17	2004	控制吸烟，减少贫困

（续表）

序号	年份	主题
18	2005	卫生工作者与控烟
19	2006	烟草吞噬生命
20	2007	创建无烟环境（旨在提醒公众认识烟草烟雾对被动吸烟者和环境的危害）
21	2008	无烟青少年（口号：禁止烟草广告和促销，确保无烟青春好年华）
22	2009	烟草健康警示（口号：图形警示揭露烟害真相）
23	2010	性别与烟草（特别抵制针对女性的市场营销）
24	2011	烟草致命如水火无情，控烟履约可挽救生命
25	2012	烟草业干扰控烟（口号：生命和烟草的对抗）

一、烟草对社会的影响

无论是发达国家还是发展中国家，为了从烟税中获取可观的收入，都盲目地发展烟草生产和扩大烟草市场，其结果是除了直接损害健康外，还毁坏了农业土地和森林资源，因滥用杀虫剂和除草剂造成环境污染，给社会带来巨大的危害。例如，发展中国家生产的烟草占全球总量的73%，其占用的农田可生产供10亿人口的粮食。坦桑尼亚每年为熏制烟草要砍伐12%的树林，造成洪水泛滥、水土流失。

全球所有火灾中至少四分之一是由吸烟引起的，如我国1987年的大兴安岭火灾，烧毁了101万公顷森林，导致193人死亡，171人受伤，10 843户家庭受灾，造成直接经济损失5.2亿余元（不含森林资源损失）。1994年11月，辽宁省阜新市艺苑歌舞厅火灾造成233人死亡，20人受伤，直接经济损失12.8万元。美国估计每年死于吸烟（超额死亡率）的人数高达35万，相当于第一次世界大战、朝鲜和越南战争死亡人数的总和。每年花费的与吸烟有关的费用平均为460亿美元，平均每人负担100美元，成人为1 000美元。根据美国癌症协会的估计，由于吸烟有关疾病造成的工作日损失为14 600万个。吸烟者缺勤率较不吸烟者高

30%～40%。

1984 年，美国烟草总销售额为 287 亿美元，但与烟草有关的疾病和死亡造成的损失却高达 537 亿美元，相当于烟草税收入的 5.8 倍。

烟草利税历来是我国主要的税收。1989 年，我国烟草利税共 240 亿元，而同年因吸烟导致的健康方面的损失高达 279.67 亿元。因此，我国烟草行业的税利贡献与烟害经济损失相比，完全是得不偿失的。1993 年，我国烟草税收为 410 亿元；据 WHO 估计，同年我国因吸烟导致的疾病、劳动力损失、死亡等总经济损失达 650 亿元。我国每年因走私烟损失关税 18 亿美元。吸烟对个人的经济损失也是可观的，据调查，吸烟者吸烟费用占个人平均收入的 60%，占家庭收入的 17%。

二、戒烟的好处及戒烟后应注意的问题

烟草危害健康的物质基础是纸烟烟雾包含的 4 000 多种已知的化学物质，主要有害成分包括尼古丁、焦油、潜在性致癌物（至少有 40 种）、一氧化碳和烟尘。它们具有多种生物学作用，包括：①对呼吸黏膜产生刺激，如醛类、氮氧化合物、烯烃类；②对细胞产生毒性作用，如腈类、胺类、重金属元素；③使人体产生成瘾作用，如尼古丁等生物碱；④对人体具有致癌作用，如多环芳烃的苯并芘，以及镉、二甲基亚硝胺、β-萘胺等；⑤对人体具有促癌作用，如酚类化合物；⑥使红细胞失去荷氧能力，如一氧化碳。

戒烟能有效地减少患与吸烟相关疾病的危险性。

大多数的戒烟者在戒烟 5 年后患与吸烟相关疾病的危险性相当于终生不吸烟者。戒烟者患冠心病的危险性明显降低，但降低的程度取决于戒烟前吸烟时间的长短、吸烟量和戒烟时间。戒烟一年后可降低患冠心病的危险性近 50%，但要达到从未吸烟者的水平需 10 年左右。肿瘤死亡率与戒烟年数的关系相对要长，戒烟 5 年后肺癌死亡率较吸烟者下降 40%，戒烟 15 年后接近于不

吸烟者。食管癌在戒烟后头6年下降迅速，16年后与不吸烟者相近。喉癌、口腔癌、膀胱癌的危险性接近于不吸烟者水平均需戒烟15年左右。总之，戒烟不仅可以减少慢性疾病，促进健康，且可节约开支，消除异味，融洽人际关系。

任何时候戒烟都不晚，医学研究证明：

(1) 戒烟20分钟后尼古丁会限制血液的流动，因此随着戒烟后身体里尼古丁含量的降低，全身的循环系统会得到改善，特别是手部和脚部。

(2) 戒烟8小时后血液中的含氧量达到不吸烟时的水平，同时体内一氧化碳的含量减少50%。

(3) 戒烟24小时后体内残留的一氧化碳消失殆尽，肺部开始清除黏液和其他令人讨厌的吸烟残留物。

(4) 戒烟48小时后尼古丁全部消除，味觉和嗅觉开始得到改善。

(5) 戒烟72小时后呼吸变得更加轻松，整体精神状态有所改善。

(6) 戒烟3～9个月后任何呼吸问题都得到改善，肺部的效率增加10%。

(7) 戒烟1年后生殖能力增强约30%。

(8) 戒烟5年后患心脏病的风险下降到吸烟前的一半，而患中风的危险性与不吸烟者相当。

(9) 戒烟10年后患肺癌的概率只比正常人高50%。

(10) 戒烟15年后患心脏病的危险与从未吸烟的人相同。

如果你在35岁前戒烟成功，那么你的预期寿命将和正常人一样。

戒烟后再度吸烟是十分常见的。据调查，在戒烟的头6个月内有75%～80%的人会再度吸烟，戒烟一年后仍有高达40%的复发率。尽管复发率很高，但这只是暂时性反复，是行为模式改变过程的一个阶段。吸烟者戒烟时应该总结这种反复再吸烟的经验教训，认识造成复发的危险因素及解决复发的要素，这对避免今后的复发是十分重要的。如果不能认真地加以总结，复发将使人感到内疚和失败，并导致今后再次复发。

引起复发的高危情形包括：①情绪不良（如生气、受挫折、压抑、厌烦）；②与人争执（如家人或同事）；③社会压力（可以是直接来自某个人的压力，也可是间接来自某个有吸烟者存在的场合的压力，如聚会）；④饮酒或进食；⑤晚餐后在家休憩。

预防复发首先要认识到导致早期复发的原因，把以往的复发作为学习的经验而不认为是失败；确认造成吸烟的高危状况，制订短期和长期的行为改变计划；制订长期的预防复发计划；探索是否有某种生活方式的改变有助于降低吸烟的高危情况，如减少饮酒、加强锻炼、控制体重、心理调适减少精神压力等。

许多成功戒烟者的经验总结表明：吸烟者一旦明白了抽烟对健康的危害，大多都会萌发戒烟的念头，但是，这时还需要做好两方面的心理准备。

第一，不要将戒烟看作只是一种个人行为。吸烟者大多认为戒烟无须别人指导或参考教科书，戒烟是否成功的关键在于个人意志。其实，吸烟习惯本质上是一种尼古丁依赖症，每天不停地抽烟使其成为一种习惯性行为。因此，仅仅强调个人意志并不能彻底戒烟。由于人们已经确立了一套行之有效的戒烟方法，与其个人自行摸索，还不如借鉴成功的经验更能顺利戒烟。

第二，即使戒烟失败也不要气馁。现实生活中，有些人确实能够一次戒烟成功，但是，由于吸烟习惯并非一朝一夕养成，许多人往往需要花费相当长的一段时间，经历多次戒烟失败后，才能最终告别香烟。行为学家把戒烟看作是一个“过程”，要成为一个终身戒烟者，需要不断练习和积累经验。只有经历了多次失败后仍不灰心，才有可能最终取得成功。

三、世界吸烟和控烟趋势

虽然吸烟在世界上已有若干世纪的历史了，但是，直到 20 世纪 20 年代，随着成批生产纸烟的出现，吸烟才成为普遍的习惯。在发达国家，由于收入水平不断提高，再加上烟草商的大肆宣传，使吸烟成为“高贵”“文明”“时髦”的风尚。当时，生产者、消费者和政府对烟草的危害一无所知，到了20世纪60年代人们开始普遍认识到吸烟的危害时，已经有亿万人民吸烟成瘾了。

1990—1992年，发达国家成人平均每人每年消耗纸烟2 590支，显著高于发展中国家（1 410支），但这种差距在逐年缩小，如1970—1972年发达国家是发展中国家的3.33倍，1980—1982年缩小到2.44倍，1990—1992年仅有1.84倍。近10年来，发达国家烟草消耗量平均每年下降1.4%，而发展中国家平均每年上升1.4%，如若这种趋势继续发展，到2005—2010年间发展中国家的烟草消耗量将超过发达国家。

近十几年来，美洲烟草消耗量降低最明显，平均每年下降1.7%（不包括美国、加拿大），而西太区和东南亚却分别增加了2.2%和0.8%，其中我国最为突出，从1983年以来，每年烟草消耗量上升3.9%。目前，我国吸烟者3亿多，占全球11亿吸烟总人数的四分之一，再加上4亿多的被动吸烟者，全国已有50%以上人口每天处在烟草危害之中。在全世界新增加的烟民中，我国占一半，特别是青少年吸烟率迅速上升，始吸年龄逐年提前，妇女吸烟也在增加。英国牛津大学研究员皮托（Peto）认为，“年轻的吸烟者大量增加，死亡像潮水一样涌来”的过程将继英国、美国、俄罗斯之后在中国出现。他告诫说，到2025年中国由于吸烟造成的死亡将由现在的每年10万例增加到约200万例，而现在20岁以下的青少年将有5 000万人过早地死于吸烟引起的疾病，这种巨大势头已不可避免。皮托是以一个吸烟最早、最为广泛的国家的公民，有着吸烟导致死亡最深刻教训的身份说这番话的，他希望能从英国所经历的可怕的错误中吸取教训。

WHO、有关联合国组织和非政府组织积极倡导开展综合性控烟策略，掀起了声势浩大的控烟工作。目前，全球控烟运动已蓬勃发展，但全面执行世界卫生大会提出的综合性控烟策略的国家还不多，主要由于对烟草流行的严重性认识不足；没有认识到控烟工作首先要把政策置于最优先地位；对无限制发展、使用烟草造成的烟草税收和经济损失的利弊了解不深以及缺乏多部门合作控烟的经验。WHO 根据各国开展控烟工作的进展，认为可以划分为四类情况。第一类是自 20 世纪 80 年代中期以来对控烟工作一直采取有效措施的国家，如澳大利亚、新西兰、新加坡等。至 1992 年，几乎所有的西太区国家或地区都已开展控烟工作。近年来，新开展控烟的国家有巴西、塞浦路斯、象牙海岸和尼泊尔。第二类是在原有的基础上进一步开展控烟措施的国家，如欧盟 15 国、中国、哥斯达黎加、古巴、印度、蒙古、波兰、美国和南非，这些国家仍未做到真正的综合性控烟。第三类是在综合性控烟过程中有进展也有挫折的国家，如科威特在 20 世纪 90 年代早期，由于烟盒没有健康警语、烟价低，致使男性吸烟率从 1989 年的 34%上升到 1992 年的 52%，女性由 6%上升到 12%。1995 年，科威特开始执行新的《烟草控制法》。又如，日本、朝鲜受美国贸易制裁的威胁大量进口外烟（主要是美国纸烟），致使吸烟率上升，烟草广告泛滥。中欧和东欧经历市场经济的快速变化，也伴随着西方烟草的入侵，烟草广告的增加，吸烟率进一步增加，尤其是年轻人。目前许多国家已采取新的控烟措施，如加拿大于 1989 年执行了《不吸烟者健康保护法》和《烟草产品控制法》，但许多内容于 1995 年被加拿大高等法院所否决，1994 年由于烟草走私和泛滥，致使政府降低了烟价，使加拿大一度降低的吸烟率（从 1965 的 40%下降到 1991 年的 29%）再度回升，特别是青少年吸烟率。第四类是全面采用综合性控烟策略的国家，如新加坡、葡萄牙、冰岛、挪威、芬兰，从 70 年代开始实施，90 年代进一步强化措施。最近执行综合性控烟政策的国家有：泰国、法国、澳大利亚（大多数州）、新西兰和瑞典。这些国家的综合性控烟工作为全球控烟提供了宝贵经验。

发达国家吸烟率已明显下降，如加拿大 1989 年、1990 年吸烟率每年下降 6%，青少年情况尤为显著。1979 年 15～19 岁男女孩吸烟率分别为 43%和 41%，1991 年分别下降到 12%和 20%。新西兰从 1984 年至 1991 年平均每人烟草消费量下降 36%。英国的肺癌率已下降 20%，其他发达国家也有下降趋势。

四、控烟策略

在综合性国家控烟规划和政策中，首先要求政府把制定法规置于优先位置。制定控烟健康教育和公共信息规划，包括戒烟规划也是十分重要的。实践证明：控烟工作是极其复杂和艰巨的工作，仅有健康教育而没有政策支持是难以奏效的；反之，只有政策而没有健康教育，政策也难以贯彻。控烟的干预措施必须从群体（社区、医院、学校、工矿企业）出发而不是从单个吸烟者的角度考虑。在执行控烟措施中应特别强调加强组织领导、多部门的合作。控烟的目标不仅在于创建“无烟单位”，更重要的是要使吸烟者实现终身不吸烟。在我国吸烟十分普遍的情况下，干预必须有重点，不可面面俱到，应以机关、学校和医疗卫生单位为重点，他们的不吸烟行为将为社会树立良好的榜样。

控烟措施必须强调综合性，包括：限制向青少年出售烟草制品，全面禁止室内外烟草广告和烟草公司对体育、艺术等各种形式的赞助，添加健康警语，提高烟税，建立无烟区，以及限制烟草中的有害物质和无烟烟草的生产。现将上述策略分述如下。

（一）烟税和价格政策

全球的控烟经验表明，连续提高烟税进而提高烟价是控制烟草消费最有效的单一措施。芬兰研究表明：标化了其他影响吸烟的因素之后，提高10%烟价，可使烟草消费量下降3.5%，尤其是青少年和经济条件比较差者。加拿大15～19岁青少年吸烟率1985年到1994年持续下降，1995年开始减少烟税导致烟价下降，青少年吸烟率再度上升到1985年水平。提高烟税减少烟草消费量并不减少国家的烟草税收，对于缺少资金用于控烟的发展中国家，这一措施却是一项利国利民的大事。目前，芬兰、冰岛、葡萄牙、罗马尼亚、新加坡、美国加州、澳大利亚等国都把增收的烟草利税用于促进健康，如澳大利亚抽取5%烟税用作建立健康促进基金会，该基金会主要支持健康研究，开展健康促进和健康教育工作，并取代烟草公司对体育与艺术的资助。这一趋势已得到国际认可并得以进一步发展。

（二）全面禁止烟草广告和促销活动

这是面对烟草商严重挑战不可缺少的措施。1973 年挪威开始全面禁止烟草广告，到 1995 年至少已有 10 个国家完全禁止烟草广告。大部分国家为部分禁止。我国已出现不少无烟草广告城市，全面禁止烟草广告已成为我国创建卫生城市的必要条件之一。全面禁止烟草广告能使青少年在无任何商业影响的无烟环境中健康成长。英国卫生部对四个全面禁止烟草广告国家的效果研究表明：排除其他影响吸烟因素外，挪威烟草消费量减少了 9%；芬兰减少了 6.7%；新西兰减少了 5.5%；加拿大减少了 4%。

（三）健康警语和限制焦油和尼古丁含量

早在 1977 年瑞典就规定必须在烟盒上写明健康警语。瑞典、冰岛、加拿大、澳大利亚、挪威、法国等都要求用醒目的警语，挪威还规定每一牌号烟草必须有 12 条不同的警语。澳大利亚所有烟盒正面三分之一写警语，反面三分之一写致病原因，侧面注明尼古丁、焦油和一氧化碳的含量并作说明。如尼古丁 1.2 mg 或以下——有毒的、成瘾性药物；一氧化碳 10 mg 或以下——致死性气体，可致血液携氧量减少；焦油 12 mg 或以下——烟雾含有许多化学物质，包括某些致癌物质。烟盒警语可提高烟民对吸烟危害的认识，对降低吸烟率有很大的作用。

限制烟草有害物质含量也是综合性控烟措施之一，但效果不尽如人意。发达国家大量过滤嘴和低焦油香烟投放市场，使纸烟的焦油含量从 38 mg/支下降到 12 mg/支，尼古丁含量从 2.3 mg/支下降到 1.2 mg/支。这种纸烟在 20 世纪 60 年代末 70 年代初投放美国市场（焦油含量低于 15 mg/支），1983 年占 50%以上，1984 年占 62%，另外还有极低焦油烟（低于 10 mg/支），70 年代后期投放市场，约占 15%。虽然有报告称吸低焦油烟者患肺癌与心脏病的概率有所下降，但最近弗雷明翰研究和几个病例对照研究认为，过滤嘴低焦油烟并不能降低患心脏病的概率，对慢性阻塞性肺病也没有效果；同时还发现吸不同牌号低焦油—尼古丁的纸烟和人体血浆尼古丁和一氧化碳的含量相关性很低，这可能是由于吸低尼古丁烟者为补偿所缺，常常吸得更多，吸得更深。

(四) 禁止向未成年人销售烟草及制品

挪威 1899 年通过立法限制把烟草及其制品卖给青少年，澳大利亚于 1995 年开始实施这一法规，目前已有许多国家实施这一法规，我国也不例外。问题是许多烟草零售商没有严格实施，如美国加州有 70%的零售商仍继续售烟给青少年，经对零售商教育后下降到 32%。北美的另一份调查表明，美国有 77%、加拿大有 93%零售商仍照常给青少年提供烟制品。

(五) 建立无烟区

建立无烟区的目的是有效地保护不吸烟者免受烟害的影响。目前绝大多数国家都采用这一措施，20 世纪 80 年代后期以来逐渐得以加强。如加拿大于 1988 年制定了《不吸烟者权利法》，新西兰 1991 年制定《无烟环境法》，泰国 1992 年制定《不吸烟者健康保护法》，通过法律制度保障在室内公共场所、工作场所、交通场所、学校、医疗卫生机构建立无烟区。如美国于 1989 年实施国内无烟航班，90 年代公共场所禁止吸烟，到 1992 年美国 59%的工作场所实施了无烟政策，1993 年环保机构把烟雾确定为致癌物，更促进了《无烟环境法》的执行力度。1978 年，加拿大、澳大利亚实现国内、国际无烟航班，1996 年国际民用航班组织实施《全球无烟航班法》。建立无烟区得到全球的关注，无烟区范围也在逐渐扩展。

(六) 禁止销售无烟烟草制品

不少国家禁止销售无烟烟草制品，如嚼烟、鼻烟等。

五、抵制烟草业干扰控烟，控诉烟企八宗罪

2012年的WHO世界无烟日的主题是“警惕烟草业干扰控烟”，口号是“生命与烟草的对抗”。世界卫生组织代表处无烟行动技术顾问苏珊·亨德森（Susan Henderson）博士在发布会上表示，世卫组织敦促各国要将同烟草业干扰的斗争，放在各国控制全球烟草流行努力的中心位置。因此，《烟草控制框架公约》序言特别指出，必须“认识到须警惕烟草业阻碍或破坏烟草控制工作的任何努力，并需掌握烟草业采取的对烟草控制工作产生负面影响的活动”。此后多年的实践证明，这一提示极为重要，正如世卫组织总干事陈冯富珍在第15届世界“烟草或健康”大会上所说：“烟草行业已经变换面孔和策略。这匹狼不再披着羊皮，它已张开血盆大口，旨在破坏控烟活动、颠覆WHO《烟草控制框架公约》的伎俩不再遮遮掩掩，也不再披上所谓‘企业社会责任’的外衣。”

在国内近一年以来，围绕烟草研究人员当选工程院院士、中式卷烟技术参与国家科技奖评选等事件的争论，实际上已经集中体现了烟草降焦减害的理论与控制烟草危害之间的争论。中国控烟协会、中华预防医学会、新探健康发展研究中心等机构联合发布世界无烟日主题报告，揭露中国烟草业通过8个手段干扰控烟。专家呼吁尽快实行烟草专卖局与烟草公司政企分开；2012年在烟盒包装上印刷明确、清晰的图形式健康警语。

报告称，中国烟企日赚3.2亿元，但每年因烟草导致的死亡人数达120万。三家组织呼吁：尽快调整中国控烟履约机制，不允许烟草业继续干扰控烟和公共卫生政策；尽快实行烟草专卖局与烟草公司政企分开；尽快出台符合《烟草控制框架公约》要求的国家烟草控制规划。

随着2012年世界无烟日日益临近，控烟话题又成了舆论的热点。5月24日下午，新探健康发展研究中心、中国控制吸烟协会、中华预防医学会三家民间组织联合发布了“2012年世界无烟

日主题报告”，呼吁揭露、抵制中国烟草业对控烟的干扰，并归纳了中国烟企干扰控烟的八宗罪。

《烟草控制框架公约》在中国已生效近7年，中国连一个控制烟草的规划都没有。尽管有人大代表和政协委员连年呼吁，尽管“全面推行公共场所禁烟”已写入国家“十二五”规划，但由于烟草业阻挠写入业已证明有效的控烟措施，国家控烟规划进展缓慢，至今仍旧难产。对此，新探健康发展研究中心主任王克安指出，我国控烟规划长期难以出台，主要是烟草专卖局反对将《烟草控制框架公约》的内容纳入规划内容中。

早在WHO《烟草控制框架公约》制定之初，各缔约方就认识到充分揭露烟草使用的巨大危害，严厉控制烟草使用，必然伤及烟草业的利益，世界各国烟草利益集团必将全力抵抗，采用各种手段阻挠《烟草控制框架公约》的施行。对此，中国控制吸烟协会常务副会长许桂华呼吁，国家烟草专卖局和中国烟草总公司应尽快实施政企分开的体制。

《烟草控制框架公约》5.3条指出，烟草业的利益与公共卫生政策之间存在根本的和无法和解的冲突。国有烟草业也不例外。在控烟工作中必须清醒地认识到中国烟草业干扰控烟的手段主要有以下8个方面：

(1) 淡化《烟草控制框架公约》的法律约束力，使政府的“政治承诺”流于空谈。烟草业还故意把控烟和禁烟混淆起来，把控烟和监管对立起来，制造混乱，阻挠控烟履约的推进；阻挠制定或修改同控烟相关的法律法规；以所谓“国情”不同、“文化”不同为借口，抵制履行《烟草控制框架公约》；以“软法”为名，拒不宣传、执行缔约方会议制定通过的《烟草控制框架公约》实施准则。

(2) 否定烟草危害的科学证据，淡化吸烟与二手烟危害，散布关于烟草危害科学证据不足信等言论。他们绝口不提因吸烟带来的各种严重疾病和死亡，用“有害健康”一类笼统的、含糊的词语来降低和消解人们对烟草严重危害的警惕。频繁邀约各级政府和部门领导参与烟草业的商业活动，“绑架”政府官员为其

“站台”，以提高地位、扩大影响。用“两个利益至上”（即所谓“国家利益至上”和“消费者利益至上”）的虚伪口号，粉饰烟草制品的害人本质，使烟草销量在履约后不降反升。

（3）制造“低焦油、低危害”和“中式卷烟”的骗局。中国烟草业围绕发展所谓“高香气、低焦油、低危害”的“中式卷烟”，形成了精心策划的系列策略，包括烟草业以政府的名义，制定“降焦减害”战略和用科学外衣包装，为烟草业误导公众提供虚假证据。“降焦减害”研究的立论、方法、措施、结果均错，是一个在并无确凿科学证据下制造的骗局。

（4）中国烟草业始终反对警示图案上烟包，编造所谓“文化不同”的谎言。即便同属中华文化的港澳台三地都采用了警示图案，即便在各种调查中85%～95%的受调查者都非常赞同警示图案上烟包，中国烟草业仍继续顽固阻挠将警示图案印上烟包，坚持把烟包作为推销卷烟的“广告”阵地。“理由”是：警示图案印上烟包会影响烟草业的利润。

对此，协和医科大学全球控烟研究所杨功焕教授指出，在外包装上使用警示图案，提高烟草税和价格都已经证明是控烟的有效手段。

目前美国、俄罗斯、印度、巴西等6个国家都已经在烟包上使用图案警示。而根据国际研究表明，卷烟零售价每提高10%，消费量可减少4%～8%，同时税收可增加7%。但这些措施，都尚未在我国采用。

（5）竭力阻挠提高烟草税和价格。中国烟草业高喊重税有害、税负已高，同时打出维护低收入者利益的旗号反对烟草提税。一旦提税已成定局，烟草业又采取高价烟提价以补贴低价烟等多项对策，提税不提价，消减提税、提价的控烟效果。

（6）利用变相广告、促销和赞助，促进烟草消费。中国烟草业利用政企合一的体制，把英文意为“全面禁止”的词语译作“广泛禁止”，并塞进《烟草控制框架公约》中文文本，为中国烟草业继续推行广告、促销和赞助制造借口，并以树立企业形象、公益慈善为名，大做变相广告、隐性广告和品牌广告。

(7) 疯狂的高档卷烟。我国烟草业的利税特别是利润在很大程度上依赖只占总量一成左右的高档卷烟。烟草企业使用营销、促销、广告手段，刺激烟草消费。他们使用低焦油、中草药添加及调香等策略，欺骗公众，推销高价烟。瞄准公务接待烟、礼品烟、特供烟，编造所谓“烟草文化”，渲染消费“名优烟”是“厅局级的享受”，推动高档卷烟价格飞涨，谋取最大的利润。

(8) 拉拢青少年亲近烟草，引诱青少年吸烟。中国烟草业用“吸烟是成年人的选择”来松懈青少年拒绝烟草的决心；用捐资助学等所谓“善举”来拉近青少年与烟草业的距离；在“文化”与“趣味”的潜移默化中，诱使青少年亲近烟草。

我们必须大力呼吁：

尽快调整中国控烟履约机制，不允许烟草业继续干扰控烟和公共卫生政策！

尽快实行烟草专卖局与烟草公司政企分开！

尽快出台符合《烟草控制框架公约》要求的国家烟草控制规划！

加强政府各部门职责，监督管理烟草业，促进控烟，保护公众健康！

在烟盒包装上印刷明确、清晰的图案健康警语，以有效警示公众烟草危害！

管制烟草制品成分，禁止烟草企业擅自使用添加剂、中草药，以此增加烟草制品的吸引力，误导公众！

修订广告法，全面禁止烟草广告、促销和赞助！

提高卷烟税价！

禁止使用公款消费一切烟草制品！

停止误导公众的所谓提高卷烟健康性能的研究、开发和奖励！

大学、学术机构和团体不接受烟草业的捐赠，维护科学、公正！

[参考文献]

[1] For studies on the prevalence of tobacco use and on the associated health

and economic effects. WHO (1997); World Bank (1999); Corrao and others (2000); Jha and Chaloupka (2000); and Mackay and Eriksen (2002).

[2] World Health Organization. Smoking in China: a Time Bomb for the 21st Century. Fact Sheets N177. WHO, Geneva, 1997.

[3] 杨功焕. 1996年全国吸烟行为流行病学调查报告 [M]. 北京：中国科学技术出版社，1997.

[4] 刘铁男. 烟草经济与烟草控制 [M]. 北京：经济科学出版社，2004：168-242.

[5] World Health Organization. Tobacco or Health: a Global Status Report. Geneva, Switzerland.

[6] 张宗斌，王庆功. 现代西方经济学教程 [M]. 北京：北京师范大学出版社，2002：71-72.

[7] 姜垣. 控烟政策——成功与挫折 [M]. 北京：中国协和医科大学出版社，2005：1-10.

[8] Berkelman, R. l., and J. W. Buehler. "Public Health Surveillance of Non-Infectious Chronic Diseases: the Potential to Detect Rap id Changes in Disease Burden." *International Journal of Epidemiology*, 1990, 19 (3): 628-635.

[9] 美国卫生部外科总监报告. 降低烟草对健康的危害——25年的进展 [R]. 1989.

[10] Parish S., Collins R，等. 吸烟、焦油含量和心肌梗塞：英国14 000病例和32 000对照的研究 [J]. 英国医学杂志，1994，311：471-477.

[11] 世界卫生组织. 第56届世界卫生大会 [Z]. 2003.

[12] 世界卫生组织. 被动吸烟和儿童健康专家咨询报告 [R]. 日内瓦、瑞士，1999.

[13] DiFranza J. R., Aligne C. A., Weitzman M. 出生前后儿童环境烟草烟雾暴露和儿童健康 [J]. 儿科学，2004，4：113 (4Supp li)：1007-1015，Review.

[14] Hackshaw A. K., eds. "Lung Cancer and PassiveSmoking." *Tatistical Methods in Medical Research*, 1998, 7: 119-136.

[15] Buck, David, C. Godfrey, M. Raw, and M. Sutton. Tobacco and Jobs. York, U. K.: Society for the Study of Addiction and the Centre for Health Conomics, University of York, 1995.

[16] Chaloupka, F. J., and H. wechsler. "Price, Tobacco Control Policies

and Smoking among Young Adults." *Journal of Health Economics*, 1997, 16 (3): 359 - 373.

[17] The international Bank for Reconstruction and Development /The World Bank. Curbing the Epidemic: Governments and the Economics of Tobacco Control, 1999.

[18] Altman, D. G., D. J. Zaccaro, D. W. Levine, D. Austin, C. Woodell, B. Bailey, M. Sligh, G. Cohn, and J. Dunn (1998). "Predictors of Crop Diversification: A Survey of Tobacco—Farmers in North Carolina." *Tobacco Control*, 1998, 7 (4): 376 - 382.

[19] World Bank. The World Development Report 1990. Investing in Health. New York: Oxford University Press, 1990.

[20] 宋承先. 现代西方经济学（微观经济学）[M]. 第二版. 上海：复旦大学出版社，1997：55 - 142.

[21] 高鸿业，吴易风. 研究生用西方经济学（微观部分）[M]. 北京：经济科学出版社，1997：34 - 63.

[22] Doll, Richard, R. Peto, K. Wheatley, R. Gray, and I. Sutherland. "Mortality in Relation to Smoking: 40 Years' Observations on Male British Doctors." *British Medical Journal*, 1994, 309 (6959): 901 - 911.

[23] Chaloupka, F. J., and M. Grossman. Price, Tobacco Control Policies and Youth Smoking. NBER Working Paper No. 5740. Cambridge, Mass.: National Bureau of Economic Research, 1996.

[24] 杨功焕，等. 中国疾病监测年报系列（1989—1997 年）[M]. 北京：华夏出版社、人民卫生出版社、北京医科大学出版社等，1990—1998.

吸烟的“益处”

谢　悦（美国密西西比南方大学公共卫生学院）

在过去的50年中，由于人们越来越意识到吸烟的危害和成本，吸烟的公众形象已经逐渐从大众时尚过渡到了大众厌恶。据世界卫生组织报道，全球的烟草消费造成每年约600万人的死亡以及近500亿美元的经济损失（WHO，2013）。进一步可以预计，如果任由烟草业发展而不加以控制，到21世纪末，会有超过10亿人死于烟草的消费。对此，许多国家已经实施了新的政策，以抑制烟草消费的增长，从而保护人们免受烟草烟雾的危害。根据世界卫生组织的建议（WHO，2010），到2012年，已经有128个国家颁布实施了一些形式的烟草广告禁令，同时有149个国家实施征收烟草制品生产成本70%或更高比例的烟草消费税（WHO，2013年），以期减少或阻止吸烟。那么，我们是否实现预期目标了呢？或者我们是否拥有关于吸烟危害的确凿证据了呢？到底有没有吸烟“有益”的证据呢？

据史料记载，烟草的使用有着悠久的历史，可以追溯到1 000多年前的美洲大陆（McCay & Dingwell，2009）。美洲大陆的土著居民相信烟草的药用价值，同时也在宗教仪式上使用烟草。15世纪晚期，欧洲人一到达美洲大陆就染上了抽烟的习惯。到了17世纪初期，在远至中国和韩国的地方也发现了烟草的使用（McCay & Dingwell，2009）。然而，烟草也并非总是被接受。例如，早在16世纪早期，英国国王詹姆斯一世非常不喜欢吸烟，以致于他对烟草产品征收了4 000%的税费（McCay & Dingwell，2009）。然而，由于经济原因，当烟草是由他自己的臣民在弗吉尼亚州种植而不是从其他国家（西班牙）进口的时候，他就降低了烟草税收。我们可以观察到的现象是，经济常与烟草调控政策密切相关。

第二次世界大战期间，免费的卷烟是美国士兵物资配额中的一部分，战争结束后，这些士兵们回到家乡，烟草消费的普遍性也随之达到了顶峰。到了1964年，51.9%的男性和33.9%的女性成为吸烟者（McCay & Dingwell，2009）。相比之下，世界卫生组织（2013）的数据显示，在2009年的中国，51%的男性与2%的女性是吸烟者。美国卷烟消费的转折来源于1964年美国公共卫生局局长的《吸烟与健康》报告的发布。此报告最后明确了吸烟与肺癌、慢性支气管炎、肺气肿、心脑血管疾病和其他癌症相关（U. S. Department of Health Education，and Welfare，1964）。报告还得出结论，“吸烟有害健康，在美国应得到足够的重视，以保证适当的补救措施的实施。”自从该报告发布以后，美国的人均卷烟消费量稳步下降（见图1）。截至2011年，美国疾病控制与预防中心（CDC，2013）的数据显示：美国男性吸烟人群比例下降至21.6%，而女性则下降至16.5%——不到1964年所报道的一半。

现如今除了税收，美国的许多州和城市每天都在制订和颁布更多的法规来限制吸烟。然而，当前公共意识和政府监管的气候源于烟草业在20世纪90年代所受到的法律挑战，当时有证据表明，业内人士早在20世纪50年代就知道吸烟的危害（Cummings，Brown & O'Connor，2007），但他们却极力隐瞒真相。随后在1998年制订了《烟草大和解协议》（MSA），其中规定大幅增加对烟草产品的税收和限制其销售方式。美国疾病控制与预防中心的数据显示：在2011年，包含1.01美元的联邦消费

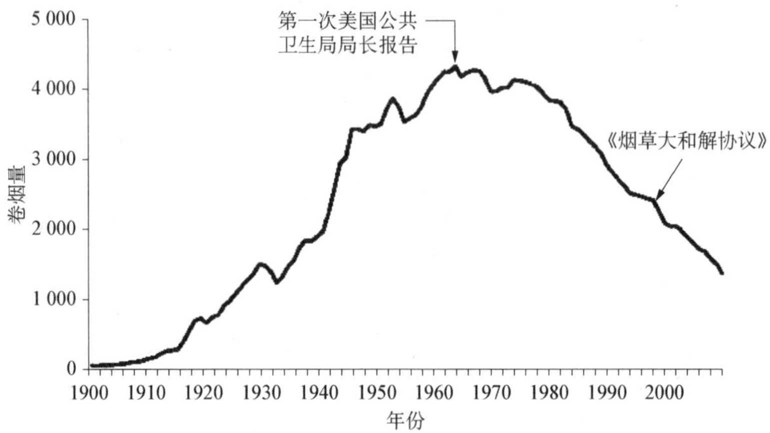

图 1　1900—2010 年间美国成年人人均卷烟消费量并吸烟与健康之重大事件

来源：美国农业部，美国疾病控制与预防中心，美国烟酒税务和贸易局；Giovino，2012。

税在内，在美国每包烟的平均税收是 2.35 美元，或者占平均每包总销售价 5.62 美元的 42%或平均每包生产成本价 3.27 美元的 72%——这符合世界卫生组织的建议。在州一级，纽约州征收的最高税费为每包 4.35 美元，而密苏里州只收取 0.17 美元（Orzechowski and Walker，2011）。总体上看，美国联邦政府和各州政府在 2011 财政年度中分别征收了超过 150 亿美元和 170 亿美元的税费。至少从经济角度看，吸烟大大有益于国家的财政预算。事实上，美国曾发表了一份报告，强烈支持增加烟草税，其理由是它是“大多数美国人支持的少数税收之一”，并且它是“国家所需税收的来源之一”。

除了在卷烟销售中增加税收以外，州政府从《烟草大和解协议》中获得的另一个资金收益是从烟草公司直接获得的赔偿，这个赔偿是为实现此协议所需的诉讼费用。烟草公司给 46 个州和哥伦比亚特区的 25 年预期支付总量为 2 060 亿美元。然而，除了烟草公司与其他 4 个州——佛罗里达州、明尼苏达州、密西西比州和得克萨斯州——之前达成的解决方案之外，赔付总量合计超过了 350 亿美元（U. S. Department of Agriculture，2000）。那么，各方如何分配这笔赔偿呢？

公共卫生界长期以来一直认为，吸烟强加给社会许多花费，其中一项就是由政府保健项目支付的医疗保健支出，这些政府保健项目是由美国联邦政府或各个州承担的。在一份递交给美国国会关于《烟草大和解协议》的计量经济学分析报告中，Gravelle（1998）指出，归因于吸烟引起的医疗费用支出，按1993年美元货币计算为500亿美元，或者在2013年为810亿美元（美国劳工统计局）。这个数字是基于由于吸烟造成的疾病风险份额（归因危险方法）以及治疗这些疾病的费用（如心脏病、肺气肿、动脉硬化、中风和癌症）。费用明细显示：医院支出占最大部分，即269亿美元；随后依次为155亿美元的医生服务、49亿美元的养老院服务、18亿美元的处方药和9亿美元的家庭医疗保健费用（Morbidity and Mortality Weekly Report，July 8，1994）。相同的估算也认为，在这500亿美元中，美国联邦政府可以分摊181亿美元，州政府可以分摊36亿美元（Gravelle，1998）。对于治疗与吸烟有关的疾病费用所占美国个人保健开支量，最常被引用的数字是6%～8%不等（Warner，Hodgson & Carroll，1999）。然而这些并不是那个时期唯一的成本数字，许多人认为与吸烟有关的这500亿美元的成本被低估了。

Chaloupka和Warner（1999）出版的《卫生经济学手册》（*Handbook of Health Economics*）中指出，上述归因危险评价方法没有考虑到如下情况：当疾病本身和吸烟习惯没有直接联系，但吸烟却导致了疾病并发症。其中一个引用的例子是与没有吸烟习惯的病人相比，有吸烟习惯的糖尿病人有较高并发症的风险。另外一个例子是不吸烟者比吸烟者在手术后能更快地恢复，比吸烟者缩短了住院时间，节约了花费。Chaloupka和Warner进一步指出：现有的有关吸烟成本的研究没有考虑吸烟的相关成本，如为患者寻求医疗保健时的运输成本、为适应吸烟者而进行的生活空间优化、由于卷烟使用造成的建筑物火灾和烟雾损害及其他相关成本。作者推测，这些未考虑的成本可能会在原有估值上增加50%，甚至更多。

尽管在20世纪90年代甚至更早的时间里，认可的惯例是限于医疗费用的成本核算，而现在公共健康领域的经济学家同意其他的费用和“益处”也应该被包括进来，这样可以提供更加完整的评价。Gravelle（1998）指出，一些研究已经证实，与吸烟有关的医疗支出可能会与因吸烟者的寿命下降而造成的成本降低相抵消。Leu 和 Schaub 在 1983 年首次提出了在对比吸烟者和非吸烟者之间的预期寿命差异的基础上的成本计算方法。他们的人口模拟模型表明，吸烟者在有限生命内的医疗费用甚至可能低于非吸烟者——非吸烟者可能具有较低的医疗服务利用率，但是他们的寿命较长，因此其影响会相互抵消。

在另一项研究中，Manning 和他的团队（1989）想要确定吸烟者和饮酒者一生中是否给他人强加了成本（外部成本），主要考察集体健康保险、退休金、残疾保险、团体人寿保险、火灾、机动车事故和刑事审判系统。其假设是吸烟者和酗酒者不仅增加了他们自身的成本，而且这些嗜好也消耗了其集体中他人的成本，这就是行动者的外部成本（外部效应）。一个引用的例子是：如果一个有集体健康保险的吸烟者患上了与吸烟有关的疾病，其内部成本就是他那部分的医疗费，而由其他同伴集体缴纳的集体保险费将承担缴费通知单的费用，这就是这个吸烟者的外部成本。这个研究的进一步目标是确定应该对烟、酒征收多少税，进而确定吸烟者和饮酒者需要为这些因他们所增加的外部成本花多少钱。结论是：在美国，虽然饮酒者没有支付他们的外部成本，但是当时吸烟者为平均每包烟所支付的 0.37 美元税费已经高出了研究模型中所估算的 0.15 美元的外部成本。此外，在这个模型中值得注意的是：与吸烟者外部成本相抵消的部分来自吸烟者因寿命减少而无法得到的部分养老金。在这个例子中，吸烟者每抽一包烟，似乎社会就从中受益 0.22 美元。

跟随 Manning 的研究，Viscusi（1994）调整了模型中的一些价格，进而反映出进一步更新的数据。此外，他把环境烟雾成本（二手烟）和烟支中逐渐下降的焦油量（患与吸烟有关疾病的主要原因）加入他的模型中，这是当时市场正在经历的两个因素。然而他的结论仍然和 Manning 团队相似，即吸烟者为平均每包烟缴纳的0.53美元的税费足以抵消所估算的0.41美元的外部成本，即使是包括环境烟雾成本在内。所以，在这个模型中社会似乎仍从每包烟中受益0.12美元。

鉴于成本估算的广泛差异，一部分人认为吸烟每年花费500亿美元或者更多的成本，而另一部分人认为烟草消费导致的外部成本微乎其微，还可能为社会提供经济利益。这些研究发表至今，社会已经达成共识了吗？回顾文献，似乎大多数美国经济学家目前认同吸烟者对社会的净外部成本很小，并且很可能低于现在征收的卷烟税（Warner，2000；Gruber，2003）。然而，吸烟者为社会带来了经济“利益”，而他们为这个“利益”付出了很大的代价——他们比不吸烟者死得更早，因此就得不到他们之前已经做出过贡献的养老金。事实上，研究表明：根据烟龄长短和从开始抽烟的年龄，吸烟者比不吸烟者的寿命少10年之多（Gruber，2003；Doll，Peto，Boreham & Sutherland，2004）。另外，根据不同的计算方法，吸烟者牺牲寿命所带来的经济效益（内部成本）大约为每包烟35～222美元，这已经远远超过了他们为此缴纳的税款（Gruber，2003；Viscusi & Hersch，2008）。

迄今为止，以上对吸烟行为的经济学研究大多是在美国数据的基础上进行的。然而在其他国家，由于不同的经济结构，可能导致不同的研究结论。例如，Warner（2000）指出，和在美国的研究结果不同，一项在英国1970年初的研究表明，吸烟者在消耗其养老金系统。但是荷兰的一项研究表明，有吸烟者的人群比没有吸烟者的人群的医疗费用低，这是因为不吸烟者的寿命更长，因而需要更多的保健费用（Barendregt，Bronneux & Van Der Mass，1997）。另一项芬兰的研究不仅发现了吸烟者比不吸烟者的平均寿命减少8.6年并花费更少的医疗费用，而且还发现他们少得到了126 850马克的养老金（Tihonen，Ronkainen，Kangasharju & Kauhanen，2012）。

对于中国这个拥有世界最多的、超过3亿烟民的国家，烟草消费已经成为重大的经济负担似乎是英文出版物的共识。Sung及其同事（2006）指出，中国在2000年与烟草直接有关的医疗支出大约是17亿美元，与烟草有关的其他支出为4亿美元（以2000年汇率计）。这些成本占当年中国国家医疗保健支出的3.1%，也相当于美国同期医疗保健支出的6%～8%。杨及其同事（2011）的最新研究指出：截至2008年，中国和吸烟直接有关的医疗支出增加到了62亿美元，即上涨了154%（以2008年汇率计），但是仍然只占全国医疗保健支出的3%。作者还指出，由于研究中只包括有限类别的疾病，医疗花费很可能被低估，而且其中还不包括环境烟草烟雾成本这个重要组成部分。

一篇来自杨和胡（2010）研究报告的中文文献对此有深入研究，这份报告综合回顾了中国在加入世界卫生组织的《烟草控制框架公约》（FCTC）5年后的控烟状况。报告显示：截至2005年，除了120万人口死于与吸烟有关的疾病，每年由于吸烟所造成的经济损失已经超过了政府从烟草中获得的总经济收入，即2 400亿人民币，占当年中央财政总税收的7.99%（Jin，2012）。类似于之前提到的研究，为了估算成本，这个研究包括了对直接医疗成本、生产力损失和被动吸烟成本的估算。然而对经济效益而言，此研究包括了政府收入，这是中国独有的，因为烟草行业在中国主要受控于政府经营的垄断，而且也是政府税收的重要来源。对于其他研究中提到的潜在养老金储蓄，中国现有的研究项目中都还不包括这个问题。这可能成为未来研究的一个领域，尤其是在中国政府正在考虑建立国家的养老金和医疗保障系统的时候，可以去充分描述在一个独特经济环境中吸烟的成本和“收益”。

吸烟潜在的收益不仅仅体现在经济方面，这个观点可能不那么受欢迎。我们可以看到主题为吸烟或尼古丁有害或有益于健康的大量文献。不过，较多关于吸烟或尼古丁使用益处的确凿结论出现在三个健康问题中：溃疡性结肠炎、神经系统疾病、减肥。

溃疡性结肠炎是一种慢性恶化的肠道发炎性疾病，其典型病征为血便（Ordas，Eckmann，Talamani，Baumgart & Sandborn，2012）。尽管患病的具体原因还未知，但与非吸烟者及戒烟者相比，吸烟者似乎不会得溃疡性结肠炎（Calabrese，Yanai，

Shuster, Rubin & Hanauer, 2012; Lunney & Leong, 2012; Ordas et al., 2012)。证明卷烟或尼古丁的使用具有疗效的证据还不确凿，因此，考虑到其风险，不建议其广泛使用（Nikfar, Ehteshami-Ashar, Rahimi & Abdollahi, 2010; Calabrese et al.; 2012; Luney & Leong, 2012）。

关于吸烟和神经系统疾病的关系，一些研究指出尼古丁有可能提升大脑中的信息处理和转换，因此就有可能减少阿兹海默症和精神分裂症所造成的影响（Wylie, Rojas, Tanabe, Martin & Tregellas, 2012）。然而，也有其他研究表明吸烟实际上会增加患痴呆和阿兹海默症的风险（Ott et al., 1998; Barnes & Yaffe, 2011; Rusanen et al., 2011）。大多数人认同尼古丁有助于治疗帕金森综合征。Fratiglioni 和 Wang（2000）指出，虽然尼古丁和阿兹海默症的关联还不确定，但尼古丁与帕金森综合征的预防性关联却已经一致性地建立起来了。现在研究者们相信，锁定特定的尼古丁神经受体将有希望医治帕金森综合征（Quik & Wonnacott, 2011）。

然而，证明吸烟"有益"健康的最确凿证据是吸烟与减肥有关联。Melamed 和 Benbassat（1998）观察到这样一个现象：吸烟者的平均体重要小于非吸烟者，并且戒烟会增加体重上升的风险——持续两年以上的戒烟之后平均体重会增加 5～6 公斤。近期研究进一步肯定了尼古丁会激活中枢神经系统的神经受体，这些神经受体不仅控制着能量的摄入（胃口和食物消耗），而且还调节着能量的支出（Mineur et al., 2011; Martínez de Morentin, et al., 2012）。无论如何，研究团体并没有忘记这个具有讽刺意味的问题，即吸烟有助于减肥，但吸烟和减肥都是一些慢性疾病的主导因素（Novak & Gavini, 2012）。现在的目标是寻找用一些无烟的方法去锁定那些与体重控制有关的被尼古丁激活的相同生物途径。

吸烟早已成为人类历史的一部分，而且在可预知的未来中它将继续是人类历史的一部分。现在认为吸烟"有益"的观点可能并不普遍或流行，但是在经济和健康方面的研究都支持这个观点。从经济方面来说，研究者们已经表明：尽管吸烟者对他们自己及其家庭造成了相当大的成本负担，鉴于目前他们所支付的烟草税和他们所减少的寿命来说，他们对社会所造成的成本负担就很微小了。这个观察结果对于各个国家不同的经济结构或税收政策可能并不正确，因此，这可作为将来研究的方向。在健康方面，一些研究表明：卷烟的使用或许有助于溃疡性结肠炎、帕金森综合征和减肥；但是研究者也表明了吸烟在总体健康和寿命方面具有相当严重的负面影响。最后，若吸烟的人和被吸烟所影响的人都已经清楚地了解了吸烟的风险和“益处”，那么就应该由他们来认定吸烟的“益处”是否大于其风险。

[参考文献]

[1] World Health Organization. WHO Technical Manual on Tobacco Tax Administration. Malta，2010.

[2] McCay，W.，& Dingwell，H. The Truth About Smoking. Golden，R.，& Peterson，F.（Ed.）. New York：DWJ Books LLC，2009.

[3] WHO Global Health Observatory Data Repository-Risk Factors：Tobacco by Country. Retrieved on August 30，2013，from http：//apps. who. int/gho/data/node. main. 65.

[4] U. S. Department of Health，Education，and Welfare. Smoking and Health：Report of the Advisory Committee to the Surgeon General of the Public Health Service. Washington DC：U. S. Government Printing Office，1964.

[5] Centers for Disease Control and Prevention. Adult Cigarette Smoking in the United States：Current Estimates. Retrieved on August 31，2013 from http：//www. cdc. gov/tobacco/data _ statistics/fact _ sheets/adult _ data/cig _ smoking/index. htm.

[6] Cummings，K.，Brown，A. & O'Connor，R. The Cigarette Controversy. Cancer Epidemiology，Biomarkers & Prevention，2007（16）：1070 - 1076.

[7] Giovino，G. Patterns of Tobacco Use in the United States. Surveillance and Evaluation Net Conference Series. CDC Office on Smoking and Health，2012.

[8] Centers for Disease Control and Prevention. Trends in State and Federal Cigarette Tax and Retail Price-United States，1970 - 2011. Retrieved August 31，2013 from http：//www. cdc. gov/tobacco/data _

statistics/tables/economics/trends/index. htm.

[9] Orzechowski and Walker. The Tax Burden On Tobacco. Historical Compilation Volume 46, 2011. Retrieved from http://www. taxadmin. org/fta/tobacco/papers/Tax_Burden_2011. pdf.

[10] U. S. Department of Agriculture. Tobacco and the Economy: Farms, Jobs and Communities. AER, 2000: 789.

[11] Gravelle, J. The Proposed Tobacco Settlement: Who Pays for the Health Costs of Smoking? CSR Report for Congress, 1998: 97-1053 E.

[12] Bureau of Labor Statistics. CPI Inflation Calculator. Retrieved from http://www. bls. gov/data/inflation_calculator. htm.

[13] Morbidity and Mortality Weekly Report. Medical-Care Expenditures Attributatble to Cigarette Smoking-United States, 1994.

[14] Coalition on Smoking OR Health. Saving Lives and Raising Revenue: The Case for Major Increases in State and Federal Tobacco Taxes, 1993.

[15] Chaloupka, F. & Warner, K. The Economics of Smoking. Prepared for the Handbook of Health Economics. Newhouse, J. & Culyer, A. (Ed.), 1999.

[16] Warner, K., Hodgson, T. & Carroll, C. Medical Cost of Smoking in the United States: Estimates, Their Validity and Their Implications. *Tobacco Control*, 1999 (8): 209-300.

[17] Sung, H-Y, Wang, L., Jin, S., Hu, T-W. & Jiang, Y. Economic Burden of Smoking in China, 2000. *Tobacco Control*, 2006, 15 (Suppl-I): i5-i11.

[18] Yang, L., Sung, H., Mao, Z., Hu, T. & Rao, K. Economic Costs Attributable to Smoking in China: Update and An 8-Year Comparison, 2000-2008. *Tobacco Control*, 2011 (20): 266-272.

[19] Leu, R. & Schaub, T. Does Smoking Increase Medical Care Expenditure? *Social Science and Medicine*, 1983, 17 (23): 1907-1914.

[20] Manning, W., Keeler, E., Newhouse, J., Sloss, E. & Wasserman, J. The Taxes of Sin: Do Smokers and Drinkers Pay Their Way? *Journal of American Medical Association*, 1989, 261 (11): 1604-1609.

[21] Viscusi, W. Cigarette Taxation and the Social Consequences of Smoking. National Bureau of Economic Research Conference on Tax Policy and the Economy. November, 1994.

[22] Warner, K. The Economics of Tobacco: Myths and Realities. *Tobacco*

Control, 2000(9): 78 - 89.

[23] Gruber, J. Government Policy Towards Smoking: A View From Econmics. *Yale Journal of Health Policy, Law, and Ethics*. 2003, 3 (1).

[24] Doll, R., Peto, R., Boreham, J. & Sutherland, I. Mortality in Relation to Smoking: 50 years' Observations on Male British Doctors. BMJ, doi: 10. 1136/bmj. 38142. 554479. AE, 2004.

[25] Viscusi, W. & Hersch, J. The Mortality Cost to Smokers. *The Journal of Health Economics*, 2008 (27): 943 - 958.

[26] Barendregt, J., Bronneux, M. & Van Der Mass, P. The Health Care Costs of Smoking. *The New England Journal of Medicine*. 1997 (337): 1052 - 1057.

[27] Tihonen, J., Ronkainen, K., Kangasharju, A. & Kauhanen, J. The Net Effect of Smoking on Healthcare and Welfare Costs. A Cohort Study. BMJ Open, 2012.

[28] Jin, J. FCTC and China's Politics of Tobacco Control. The 4th Annual Colloquium, Princeton University, 2012.

[29] Clabrese, E., Yanai, H., Shuster, D., Rubin, D., & Hanauer, S. Low-Dose Smoking Resumption in Ex-Smokers With Refractory Ulcerative Colitis. *Journal of Crohn's and Colitis*, 2012(6): 756 - 762.

[30] Nikfar, S., Ehteshami-Ashar, S., Rahimi, R., & Abdollahi, M. Systematic Review and Meta-Analysis of the Efficacy and Tolerability of Nicotine Preparations in Active Ulcerative Colitis, 2010, 32 (14): 2304 - 2315.

[31] Lunney, P., Leong, R. Review Article: Ulcerative Colitis, Smoking and Nicotine Therapy. *Alimentary Pharmacology and Therapeutics*, 2012(36): 997 - 1008.

[32] Ordas, I., Eckmann, L., Talamini, M., Baumgart, D., & Sandborn, W. Seminar: Ulcerative Colitis. *The Lancet*. 2012(380): 1606 - 1619.

[33] Novak, C. & Gavini, C. Smokeless Weight Loss. *Diabetes*, 2012 (61): 776 - 777.

[34] Froom, P., Melamed, S., & Benbassat, J. Smoking Cessation and Weight Gain. *The Journal of Family Practice*, 1998, 46 (6): 460 - 464.

[35] Mineur, Y., Abizaid, A., Rao, Y., Salas, R., DiLeone, R., Gundisch, D., Diano, S.,... Picciotto, M. Nicotine Decreases Food

Intake Through Activation of POMC Neurons. *Science*. 2011, 332 (6035): 1330 - 1332.

[36] Martínez de Morentin, P., Whittle, A., Ferno, J., Nogueiras, R., Dieguez, C., Vidal-Puig, A. & Lopez, M. Nicotine Induces Negative Energy Balance Through Hypothalamic AMP-Activated Protein Kinase. *Diabetes*. 2012 (61): 807 - 817.

[37] Quik, M. & Wonnacott, S. α6β2* and α4β2* Nicotine Acetylcholine Receptors As Drug Targets for Parkinson's Disease. *Pharmacological Reviews*. 2012, 63 (4).

[38] Fratiglioni, L. & Wang, H. Smoking and Parkinson's and Alzheimer's Disease: Review of the Epidemiological Studies. *Behavioural Brain Research*. 2000, 133: 117 - 120.

[39] Wylie, K., Rojas, D., Tanabe, J., Maring, L., & Tregellas, J. Nicotine Increases Brain Functional Network Efficiency. *NeuroImage*. 2012(63): 73 - 80.

[40] Rusanen, M., Kivipelto, M., Quesenberry, C., Zhou, J., & Whitmer, R. Heavy Smoking in Midlife and Long-term Risk of Alzheimer Disease and Vascular Dementia. *Archives of Internal Medicine*. 2011, 171 (4): 333 - 339.

[41] Ott, A., Slooter, A., Hofman, A., van Harskamp, F., Witteman, J., Broeckhoven, C., van Duijn, C., & Breteler, M. Smoking and Risk of Dementia and Alzheimer's Disease in a Population-Based Cohort Study: The Rotterdam Study. *The Lancet*. 1998 (351): 1840 - 1843.

[42] Barnes, D. & Yaffe, K. The Projected Effect of Risk Factor Reduction on Alzheimer's Disease Prevalence. *The Lancet*. 2011 (10): 819 - 828.

[43] 杨功焕，胡鞍钢. 控烟与中国未来：中外专家中国烟草使用与烟草控制联合评估报告 [M]. 北京：经济日报出版社，2010.

（杨惠玉/译）

全球变暖

气候大战：一堂科学政治学的现场课

——评《曲棍球杆和气候大战》

孙萌萌　江晓原

与几年前相比，关于气候变化的争论似乎已经无法再局限于科学问题本身了。2009 年“气候门”事件之后，风口浪尖上的迈克尔·曼（Michael E. Mann）——“曲棍球杆曲线”的发明者——开始了他的“战争”。在接受美国生活科学网采访时，曼不无动情地说：“之所以能熬过这一切，是因为可以把它们写下来。我知道，总有一天我会把那些攻击的真相告诉世人。”[1]

《曲棍球杆和气候大战》（*The Hockey Stick and the Climate Wars*）就是曼口中那本讲“真相”的书[2]。鲜红色的封面，一条黄色的、尖锋迭起的曲线贯穿其上，硕大的“Wars”（战争）字样夺人眼球，使许多不明就里的人以为是一本战争小说。

1998 年，还是古气候学博士的曼在 *Nature* 上发表论文，将“曲棍球杆曲线”推向了世界的舞台。这条代表 1400—1980 年近 600 年北半球地表平均温度的曲线，呈现出前大段平缓、尾部突然翘起的趋势，形状酷似曲棍球杆[3]。1999 年，曼及其合作者，又将曲线的长度推广至

1 000 年（1000—1998 年），成果发表在《地球物理学研究通讯》（*Geophysical Research Letters*）上[4]。被称为“MBH98”和“MBH99”（以三位合作者姓氏的首字母为名）的这两篇论文，不仅一发表就受到媒体的关注，并且在 2001 年的 IPCC（政府间气候变化委员会）第三次评估报告中高调亮相。IPCC 评估报告是国际社会应对气候变化的主要科学依据，对气候政策有十分重要的影响。曼的研究声称，地球表面温度在最近 100 年以千年以来最高的幅度上升，而导致全球变暖的罪魁祸首正是人类自己。

曼以当事人的身份回忆起文章刊出时所引发的冲击：“我们的研究文章上了《纽约时报》《今日美国》《波士顿环球报》，以及一堆其他的美国主流报纸。……一天下午，我被 CNN、CBS 和 NBC 邀请做电视采访。”[2]49 从此时开始，曼就不再是一个默默在工作室中做研究的科学家，而成为一个不断卷入各种争论和风波里的公众人物了。成为 IPCC 第三次评估报告的领衔作者后，一系列的荣誉和奖励接踵而来，包括美国国家海洋局（NOAA）杰出出版奖（2002），《科学美国人》评选的科技领域最具远见卓识的 50 个人物之一（2002），与 IPCC 其他作者共享的诺贝尔和平奖（2007），等等[5]。然而，在一波又一波的争议与风波里，这些荣誉已显得不那么令人瞩目了。

一、被“民科”纠缠，还是遭企业暗算？

正当曼的事业蒸蒸日上之时，却不幸遇到了难缠的“民科”。毕业于牛津大学的加拿大人麦金太尔（Steven McIntyre）长期在金融领域工作，专业是矿产行业的数据分析。处于退休且“空巢期”的他，有一天收到了一张印有“曲棍球杆曲线”的政府宣传单。在阅读了相关的学术论文和 IPCC 第三次评估报告后，他想到的是：“在金融领域，当有人想蒙骗你的时候，就会拿出一条曲棍球杆曲线。”[6] 在曼的曲线中，麦金太尔没有找到中世纪暖期的明显痕迹，然而在中世纪时，格陵兰岛蓄养牲畜，苏格兰地区种植葡萄，这些广为人知的历史都说明那时比今天热。通过不懈的努力，2003年麦金太尔终于从曼那里要来了他们的研究数据，并开始了检验“曲棍球杆曲线”的工作。

要解释这项工作，必须先对MBH98和MBH99所使用的方法做简要介绍。对于没有气温测量记录的遥远年代，气候学家使用“代用资料”表示气温，包括树木年轮、极地冰芯等。这两篇论文既使用了代用资料，又使用了较晚近年代的气温纪录资料；在代用资料中，树木年轮年表是最丰富、最重要的资料。如此众多的代用资料，怎样才能最有效率地转化成气温变化曲线呢？他们使用了一种统计学中常用的方法，即“主成分分析法”（Principal Components Analysis，简称PCA）。简单来说，通过PCA，气候学家可在所有的数据组中找到对整个时间长度上气候变化影响最大的数据组，称为PC_1，再从剩余的数据组中找到对剩余部分变化影响最大的数据组，称为PC_2……依此类推，所有的数据最终可以替换为以PC_i为标志的主成分，主成分的重要性随着i数值的增加而降低。通过这种方法，曼介绍说：“可以把气候信号（关键的，资料组中最稳健的变化模式）从噪音中找出来。”在MBH98中，曼对代用资料和仪器记录都用PCA方法进行了处理，并最终用带有20世纪气温上升趋势的PC_1和较少这种趋势的PC_2两个主成分合成了曲棍球杆曲线[2]43—48。

在企图重复曼工作的过程里，麦金太尔发现了一些“小错误”，包括地区标签的错误、过时版本的使用，以及好好的数据组被毫无理由地截断，等等。更重要的是，MBH98里使用的主成分，麦金太尔也重复不出来。后来，另一位加拿大人麦特里克（Ross McKitrick）也加入了检验工作，他们发表了一篇被称为“MM03”的论文，声称如果去掉MBH98中的错误，曲棍球杆曲线就会消失不见[7]。曼回应说先前提供的数据存在错误，于是又给了他们一份新数据。经过麦金太尔和麦特里克的分析，这些数据和原来的根本就是同一份，只不过在关键的地方与MBH98中描述的不一样[8]。他们将这些不同总结出来寄给了*Nature*。2004年，*Nature*发布了一份勘误表，曼在里面修正了这些错误，但同时声明“这些错误并不影响论文的结论”[9]。

要检验某个科学结论，不仅需要原始数据，而且要严格遵循正确的计算方法和步骤。然而由于学者在处理某些技术细节时往往有不同的做法，对于什么是“正确的计算方法和步骤”就会变得不像想象的那样明确。不过，一项科学结论是否站得住脚却不应该由一些技术细节来决定，除非这些细节在整个研究中十分重要。麦金太尔正是从一个十分重要的技术细节中找到了曼的破绽。

在被曼指出没有按照原计算步骤和原代用资料顺序进行研究后，麦金太尔向曼索要计算程序，但被拒绝了。让麦金太尔感到幸运的是，在曼给他的数据中保留了一些计算机代码文件，正是这些文件帮他找到了问题的关键。根据麦金太尔的解释，在对数据进行“中心化”（使新得到的数据均值为零）时，通常的做法是减去所有数据的均值，但 MBH98 只减去了 20 世纪的均值。由于曼所使用的大部分数据组都是平缓的，也就是后半段的均值与整段的均值相近，因此这样做对它们不会有很大影响。但还有一些特殊的数据组，后半段的均值与整体均值有很大差异（具体来说是全部为后半段翘起），对于这部分数据来说，这样做“有巨大影响”：“因为 20 世纪气温均值高于整个年代长度均值，减去 20 世纪均值就意味着‘去中心化’数据，把数据均值降到 0 以下，从而扩大这部分数据组的方差。”[8]8 在 PCA 方法中，此过程意味着赋予这类数据组更高的权重。MBH98 的 PC_1 中有 15 组数据权重极高，占 PC_1 的所有 70 组数据 93%的变化量，并在最终的曲棍球杆曲线中提供了 38%的变化量，而它们的变化都呈现出曲棍球杆的形状。这些特别的数据就是著名的美国西部狐尾松的年轮数据。麦金太尔举例说：在 PC_1 中，最具曲棍球杆形状的美国加州 Sheep Mountain 狐尾松数据被赋予最高权重，这一数值是无此形状、同时也被赋予最低权重的 Mayberry Slough 数据的 390 倍。麦金太尔用他认为正确的方法重新进行了主成分分析，结果发现狐尾松年轮数据只能在 PC_4 中显现出来，对最后气温曲线的贡献量仅为 8%[10]。

这一指控几乎是致命的，因为这意味着曲棍球杆曲线纯属虚构。早在2005年麦特里克就指出，围绕曲棍球杆曲线的争论不只局限在技术层面，“在政治层面上我们讨论的是，IPCC是否背叛了国际社会对它的信任。曲棍球杆曲线的故事揭示了IPCC使用有如此缺陷的研究作为第三次研究报告的内容，可能意味着报告撰写程序存在偏见”[8]1。麦金太尔和麦特里克将论文投给*Nature*但被拒绝发表，理由是“无法浓缩到可提供的500字篇幅”“对读者没有吸引力”[8]11。（曼在书中认为他们被拒稿的原因是“缺少价值”[2]130。）麦金太尔和麦特里克的工作得到了一些人的支持，其中不乏科学家。加州大学伯克利分校物理学教授马勒（Richard Muller）一直相信人为导致全球变暖，2004年他在麻省理工学院的《技术评论》上引述麦金太尔和麦特里克对曼的批评，将“曲棍球杆曲线是统计假象”的说法带进了学术圈[11]。虽然他在2012年6月又重新确认“地球在变暖是真的……人类几乎要负全责”[12]，在当时还是被气候变化反对者当成“倒戈者”看待，使曲棍球杆曲线的谜题在科学界和公众间传播开来。与此同时，互联网又加速了这种传播，2004年曼开始在他的网站“真实气候”（Real Climate）上回应麦金太尔和其他“气候变化反对者”，麦金太尔也在互联网上步兵摆阵，用“气候监测”（Climate Audit）网站与之对抗。

想要反驳麦金太尔看起来并不容易，毕竟是曼自己没按常规办事，要不是有明确目的，干吗非得使用违规做法呢？况且还没有在论文中加以说明。因此，曼“真实的故事”如何回应麦金太尔的批评便成为整本书的重头戏之一。事实上，他并未让观众失望。

反驳麦金太尔的“好戏”以一件看起来毫不相干的事拉开了帷幕。1981年，哈佛进化生物学家及科学史学家古尔德（Stephen Jay Gould）的著作《人的误测》（*The Mismeasure of Man*）出版。这本书批评了那些持有“生物决定论”思想的科学研究者，他们认为存在一种独特的方法可以测量属于不同文化、种族，甚至部落的人的智商。研究者使用的是统计学中的“因子分析法”，即在大量因子中找到对整体变动影响最大的因子（相当于PCA中的

PC_1）。研究者认为通过这种方法挑选出来的因子是最能反映智商的，便称其为“一般智力因素”（General Intelligence Factor，简称 g Factor）。要测量人的智商，只要测量 g Factor 即可。古尔德对“生物决定论者”提出了多方面的批评，不过曼觉得他们所犯的最大错误在于对统计方法的误解：整体图景并不能仅靠 PC_1 就能反映出来[2]131—132。那么，到底应该使用多少个 PC 呢？曼自己也不能给出明确答案——“这样的标准也许表明需要保留对整体变动至少有 50%影响力的 PC，但人们可能同时发现，多达 90%或少至 10%的 PC 都需要保留；准确来说，这要视手头上数据的特点而定。”[2]136 曼突出了麦金太尔没指出的问题，那就是“中心化数据”的过程其实是确定应该使用几个 PC 的步骤。

如此一来，原本被认为是重要的问题就变成了次要的：减去整个长度的均值还是 20 世纪的均值只是中心化方法上的区别——只减掉 20 世纪的均值叫作“现代中心化方法”（modern centering convention）[2]136，之所以采用这种方法仅仅是因为对仪器测量数据用 20 世纪均值做了中心化，为了保持一致，其他数据需要做同样处理——真正重要的问题是，麦金太尔只使用了一个 PC，那么他跟那些荒谬的“生物决定论者”又有什么区别呢？在“隐藏曲棍球杆曲线”一节中，曼指出：减去整个时间长度的均值当然也可以，但要有与之配套的“使用几个 PC”的规则，否则将会使有意义的 PC 排除在外。鉴于曲棍球杆的形状在 PC_4 里才能显现，麦金太尔也许应该使用 4 个 PC[2]135—138。

曼总结道：“要说这一严重后果有什么教训，那就是，基于如此复杂技术的科学发现，很容易被暗怀不轨的人所滥用。统计学分析里不适当的决定将对结果造成深刻影响。基于这种复杂性，犯错实在很容易，过分看重这些错误就更容易了，最坏的是利用它们达到自己的目的。”[2]135

麦金太尔有什么特别的目的吗？难道他不是仅仅出于一种类似“民科”的热情，想要探索一下科学的真相吗？饱受“折磨”的曼可不这么看。在介绍 MM03 时，曼写道：“右翼经济学家麦特里克是两个作者之一，另一个是气候审计网站的麦金太尔，其在科学领域从未发表过文章，且无任何与气候直接相关的科学领域明确、正式的训练。麦金太尔宣称自己是‘半退休矿产分析师’，而调查记者撒克（Paul Thacker）却揭露他与能源企业关系密切，曾是能源公司 CGX Energy 之前身‘西北勘探有限公司’（Northwest Exploration Co. Ltd.）的主席。CGX Energy 主营石油天然气勘探，后将麦金太尔列为‘策略顾问’。”[2]123

在气候变化反对者眼里，麦金太尔独自对抗有政府背景的科研团体，是捍卫真理的坚强战士；在曼眼里，他却是一个“拥有世界最强企业背景”的人，而相比之下，自己不过是一名“小型公立大学地位低微的助理教授”[2]127。在“气候大战”中打身份牌是基于一个简单的逻辑——弱者等于“正确”。这不是科学的逻辑，这是政治的逻辑。

二、谁来评价科学？谁是专业人士？

曼的“保卫战”打得并不完美，主要问题有两个：一是没有给出“现代中心化方法”的依据或学术史，对为何使用这种方法解释得也太过不认真；二是增加 PC 个数的说服力不够。举例来说，我们对一个数值估计到小数点第 2 位，再继续估到第 3 位、第 4 位其实并不会增加这个数值的精确度，因为第 2 位已经是估值了。不过，作为一个“非专家”，我们是否有能力去评价专家的工作呢？公众不行的话，专业人士呢？

麦金太尔和麦特里克的研究引起了国会能源与商业委员会的兴趣。后者委托国家科学院应用与理论统计学委员会主席韦格曼（Edward Wegman）牵头调查此事。国家科学院也成立调查小组，与韦格曼展开同时、独立的调查，领头人为气候研究领域的诺思（Gerald North）。结果两个调查小组得出了相反的结论。统计学家韦格曼明确表示，曼的结论无法通过其统计学方法得到支持[13]，而气候学者诺思则认为曼的方法虽有瑕疵，结论却是正确的，诺思的团队甚至给出了长度为 2000 年的气温变化曲线[14]。在全球变暖批评者看来，韦格曼的统计学家身份对于审查工作是具有很高权威的，不仅因为“曲棍球杆曲线”的得出很大程度上依赖于统计学方法，而且因为麦金太尔与曼的争论焦点也在这“复杂的技术”上。相比之下，诺思的团队则有点“搅浑水”的意思，对曼所使用的研究方法没有给出确切的结论不说，还多此一举地弄出个新模型出来，其目的无非是混淆视听，转移公众注意力[15]。

这一切在曼眼里却是另一番景象。标题“双报告记”（A Tale of Two Reports）借用了狄更斯的“双城记”。在曼的故事里，诺思的报告代表着“学院讲话”（The Academy Speaks），是专业的、科学家的声音[2]161—164；而当讲到韦格曼的报告时，则变成了“巴顿反咬一口”[2]164。巴顿（Joe Barton）是美国国会议员，韦格曼的调查小组正是受他委托。在曼看来，韦格曼审查他们的工作根本就不够格。他没有受过任何物理学训练，更不懂气候学[2]160。至于统计学的研究方法，也不过是“不加批判地重复又老又弱的麦金太尔和麦特里克的观点”[2]164。在曼看来，韦格曼所提出的唯一新颖的东西则是“靠不住的”社会网络分析[2]165。

社会网络分析发端于20世纪70年代，是基于数学、图论等发展起来的定量分析方法。通过对行动者社会关系的分析，这种统计学方法可以帮助人们了解社会结构。从社会网络分析给出的图形来看，曼与绝大多数团体有直接合作关系，气候学者团体与其他学科之间较为疏远。韦格曼认为这是同行审议机制未能发挥有效作用的主要原因[13]41。韦格曼还统计了气候学家几年来在主要论文中所使用的代用资料，发现这些资料在不同的论文中被重复使用，那么他们“得出类似的结果也就不足为奇了”[13]46。

韦格曼的社会网络分析使曼对他“非专家”的指责变得不再有力，因为基于同行之间的这种联系网，气候学“专家”反而更不具备审查资格。更为重要的是，由于社会网络分析是基于图论的方法，其研究结果会以相当通俗的图形展示出来。再加上公众对“社会关系”的兴趣远远超过枯燥难懂的科学，这只会进一步引导公众的判断，削弱曼辩驳的力量。几乎是理所当然的，韦格曼的报告成为反对者争相引用的依据，这让曼愤恨不已。

在《曲棍球杆和气候大战》里，曼再一次显示了他引经据典的高超手法。他将韦格曼的结论指为“荒谬不经”，并向读者介绍了两个新奇的名词：“六度空间”（Six Degrees of Kevin Bacon）和“埃尔德什数”（Erdos Number）[2]165。这两个带有娱乐性质的概念都是用来计算人们与某特定人物之间的联系的。曼的言外之意是，不光气候学领域，数学乃至艺术领域都有类似的广泛合作关系。他进一步解释说，他和众多研究者都有合作关系，完全是他早期学术成果（MBH98、MBH99）的副产品——他的这两篇文章往往成为后来的理论气候模型模拟的对照基准。难以抑制的愤怒从他有意歪曲韦格曼关于同行审议问题的评论中体现得淋漓尽致。韦格曼在结论的第一条就提出，学术文章虽然能得到同行审议的把关，但在公共讨论中原始数据和材料却很难得到，况且同行审议本身并非那么独立，所以人们不能过分依赖于这种机制[13]48。曼对韦格曼的话断章取义，他写道：“韦格曼用社会网络分析去支持那个奇怪的论点，即在我们的领域中‘对同行审议过于依赖’。这个论点当然是与任何科学实践原则相违背的。也许对同行审议重要性的摒弃，至少部分是为了预防有人批评他的报告没有任何正式的同行审议，而诺思的报告却有。”[2]166 为了进一步增强自己的力量，曼甚至不惜花一个章节的篇幅讲述韦格曼的委托人巴顿的商业、政治背景，从他自己嗤之以鼻的阴谋论那里找到了非常管用的武器[2]146—159。

三、丑闻是科学社会化的捷径

科学可以通过多种途径被公众了解，也许科学的主动传播有一些效果，但更为有效的途径可能是灾难或丑闻。2009 年 11 月 17 日，随着震惊世界的“气候门”事件的发生，气候变化研究以一种非常具体而又破碎的形式突然传向了公众，并很快淹没在阴谋、利益、党争等复杂的意象中。

曼一开篇就描述起那天的情形：“2009 年 11 月 17 日一大早，醒来后我发现自己与同事交流的私人邮件被人从英国东英吉利大学气候研究中心盗出，并有选择地放到互联网上，让所有人都能看到。词句被精挑细选，从它们本来的语境中抽出，以企图诽谤我和同事以及气候研究本身的方式串联起来。暗含对我们不利意思的摘录在网上迅速散播。通过一场协调一致的公关活动，与化石燃料企业有染的团体和其他气候变化批评者帮忙将这些摘录送上全世界主流报纸以及电视屏幕上去。……我早知道气候变化批评者总想千方百计地诋毁像我这样的气候科学家，但我还是被他们如今的堕落吓坏了。”[2]XI

被曝光的 1 000 份东英吉利大学气候研究中心成员和世界各地同行之间的邮件中，涉及曼自己的一条引用率极高，邮件的作者是气候研究中心主任琼斯（Phil Jones）。他写道：“刚刚完成麦克为 *Nature* 撰写的戏法，也就是将实际气温数据添加到过去 20 年（自 1981 年开始）里的系列中的工作，同时完成的还有肯尼斯对 1961 年以来气温下降趋势的隐瞒。”[16]这里的“戏法”一词引起了大家的广泛兴趣。曼随后解释说，“戏法”指的是“解决问题的好方法”[17]。

“怀疑主义者”对曼的辩解并不买账，攻击不仅仅针对曼，也不停留在气候学家或气候学研究上面，而是直指 IPCC：

“IPCC 并非科学机构，它是一个政治机构，一个打着绿色旗号的非政府组织。组织中的科学家既非中立，人员组成也不均衡。他们都是政治化的科学家，戴着有色眼镜来进行片面论证。”（捷克共和国总统瓦茨拉夫·克劳斯）

“IPCC 是单方利益团体，他们的指导原则便是断定人类对气候有所影响，却不管这种影响是否能够忽略。”（美国科学与公共政策研究所）

“IPCC 的气候科学评估完全由一部分危言耸听的人主导，他们在 IPCC 之外也常常密切合作。”（NIPCC，与 IPCC 针锋相对的“非政府间气候变化专门委员会”）[18]121

面对“阴谋论者”的指控，曼大概也失去了“划分敌我”的耐心，那些对科学家工作的合理质疑也往往被贴上“怀疑论者”的标签，与“阴谋论者”同等对待。“怀疑不正是科学精神的一部分吗?”人们会问。而气候变化的信奉者，比如戈尔（Al Gore）就会反驳说:“现在仍有人相信大地是平的，但是，当你面对全世界观众对此做相同报道时，你不会邀请也不会寻找一个‘地平说’的支持者并给他足够时间发表观点。”[18]120 然而，“地平说”通过哥伦布或麦哲伦航行一圈即可得到证明，人为导致全球变暖该怎么验证呢?

“气候门”之后，英国东英吉利大学成立了独立调查团调查此事。对 IPCC 及为其工作的科学家们已失去信任的人们，往往在“独立”二字上加上引号。经过半年的多轮调查，结果是“科学家的严谨和诚实”没有疑问，邮件的公开无法否定 IPCC 报告的结论，只是批评了这部分科学家没有奉行英国《信息自由法》中的“公开精神”[19]。英国下议院科学技术委员会的另一项报告也得出类似的结论[20]。

既无法从科学争论中看出名堂，又难以靠“专家”的帮助辨明是非，怀疑的公众很容易陷入阴谋论的泥潭。然而常识使我们知道，科学家互相勾结伪造数据的场景在现实中很难出现，因为科学界并不是铁板一块。但是，早在 1985 年科学史家科恩（I. B. Cohen）就指出了另一种可能性，尽管事实未必如此，却具有一定的启发性:“人们总有一种强烈的欲望要投身于科学的前沿，要成为为新的有争议的事业而工作的队伍中的一员。这些研究人员们不大可能搞什么阴谋来哄骗他们的科学家同行，但是相反，他们却很可能由于想获得具有建设性成果的欲望过于强烈而自己欺骗自己。”[21]

耶鲁大学和乔治梅森大学的联合项目“气候变化传播”从 2008 年开始一直追踪着公众对气候变化的看法。2010 年 1 月进行的民调显示：相信全球变暖的公众已从 2008 年的 71％下降至 57％，不相信的则上升了 10 个百分点（从 10％上升到 20％），无法做出判断的人数也上升了 4 个百分点（从 19％上升到 23％）[22]。根据这份民调数据画出的图表直观地展示出公众对

“气候门”的看法（见图1）。

此前，“气候变化传播”项目并未注意到关于人为导致全球变暖的民意在文化世界观、政治意识形态以及动机等方面存在某种结构，直至“丑闻”发生、民意的变化在不同党派之间表现出显著差异时，这种结构才浮出水面。民调数据显示，最“支持”全球变暖的是民主党的支持者（78%），共和党有较高比率

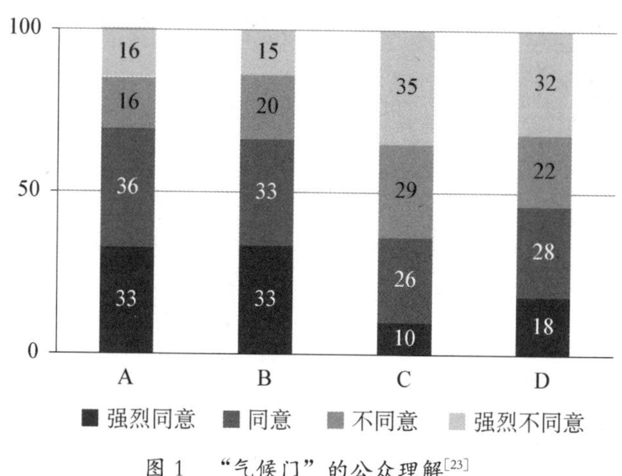

图1 “气候门”的公众理解[23]

$n=236$

A＝科学家修改结论使全球变暖看上去比事实上更严重；

B＝科学家合谋压制他们不同意的全球变暖研究；

C＝邮件中不存在任何内容可以否定全球变暖正在发生的科学结论；

D＝气候怀疑论者有目的地对邮件断章取义以引起对全球变暖的怀疑。

（30%）的支持民众“反对”这一命题，而最为“反对”的则是近几年才名声大振的“非政党党派”——“茶叶党”，比率高达53%[24]。这一统计有趣地揭示出公众对科学问题的意见并不仅仅基于他们对科学事实本身的理解。

经过长期“磨炼”，曼已发现其中端倪，这也是为什么他要在结尾处号召科学家“走上前线”的原因，他说：“仅有科学事实并不能在民意法庭上获胜，当气候变化反对者成功迷惑和转移公众注意力，并阻止政策制定者做出正确决策的时候，我们还沉默地站在一旁是不负责任的。”[2]254

四、科学主义怎成解决之道?

一个科学问题能够超越科学界，在社会上产生如此长久而激烈的争论，在科学史上并不多见。这一方面固然是由于气候变化与能源政策、经济转型等问题紧密相关，另一方面也是因为气候研究本身并非精密科学，无法轻易判断对错。这一点，从气候变化预测技术即可见一斑。

气候变化预测的核心技术是气候模式（climate models）模拟，它“建立在物理、化学、生物学等基础上，用数学方程式表现地球气候系统各个圈层相互作用和反馈的主要过程以及与外强迫的关联”[25]。用作预测的气候模式有很多种，且不同模式在给定的相同条件下产生的模拟结果未必相同，甚至会产生相反的预测结果。气候变化预估首先就要对不同的模式进行比较和评价。但随着模式自身细节不断完善，可以想见，未来模式间的差异只会增加不会减少。另外，为了提高预测的精确性，气候模式需要不断引入新变量。比如“地球系统模式”就引入了碳循环、气溶胶、甲烷循环、植被及野火、土地利用、O_3、大陆冰盖等描述，可谓“包罗万象”。随着气候研究的深入，引入的变量会越来越多，有人对“无限”增加模式的复杂性表示担忧，认为这是引入过多的“垃圾”。而马克·马斯林（Mark Maslin）等人则指出，这相当于引入了更多“已知未知数”，是气候模式不确定性的来源之一[26]。除此之外，被认为与气候变化相关的人类经济模式的变化和用大气环流模式驱动的区域模式，不确定性也很大。有些因素将会对预测结果产生巨大影响，比如平衡气候敏感度、气溶胶的影响及海洋吸收[25]。但气候学家对这些因素的了解还远未达到令人满意的程度[27]。

没有人可以因 IPCC 的气候预测“不准确”而否定其“人为导致全球变暖”假说，IPCC 的评估报告也并非检验其假说能否成立的“判决性实验”。正因如此，当 IPCC 第二工作小组（“影响、脆弱性与适应”）的某些“预测”陷入“丑闻”时，IPCC 主席仍然可以坚持说，这些错误并不能影响“人为导致全球变暖”的结果[28]。2010年，尚未从“气候门”泥潭中挣脱的IPCC，被指使用了“喜马拉雅冰川将于2035年消失”的错误预言；IPCC就此事公开道歉不久后，马上又陷入所谓的“亚马逊门”，被指“气候变化将威胁40%的亚马逊雨林”的预言是完全错误的[29]。IPCC可以用各种偶然因素来解释这些错误，但他们唯一不能承认的是，“气候变化难以预测”。

“杞人忧天”一词的寓意在现代社会已变了意味。虽然人为导致全球变暖理论是否正确只能等待科学研究给出答案，但这一问题本身却足以体现人类对未来生存的忧虑。工业文明带来的环境问题，在20世纪60年代引发了西方的环境保护运动。当今的气候变化研究起源于50年代对大气中二氧化碳的监测。当时科学家认为大气中二氧化碳浓度的上升是人类燃烧化石燃料直接导致的。到80年代，又出现环保运动“新浪潮”，注重环境与经济发展的关系，并出现了以保护环境为宗旨的政党，更深入地影响了各国的政治生活。这正是1986年IPCC成立时的社会背景。根植于这一背景中的气候变化研究，其初衷本应与其他环境主义运动一致，是对现代工业社会的批判反省，也是对人类未来道路的重新思考。

然而，这一初衷却并未被继承，科学主义与技术主义仍然控制着这一议题，甚至产生出一些荒诞不经的设想。比如，由于大气中的硫化物气溶胶会带来与温室效应相反的冷却效应，可在短时间内给地球降温，因此早在20世纪90年代就有人提出可以通过排放硫化物阻止全球变暖。最著名的就是内森·梅尔沃德（Nathan Myhrvold）的“长袜子方案”：在高空气球的牵引下，一根18英里长的管子，从地面一直伸入平流层，好将硫化物从地表直接排入大气。北半球一个，南半球一个，全球便不会变暖了。先不说这种“义无反顾”的方案是不是带人走向一条不归路，单是硫化物排放可能带来的负面效应，比如臭氧层破坏或全球干旱，就足以使地球陷入更大危险；但支持这一方案的技术主义者却认为，这是最“经济”的方法[30][31]。

曼尚未认识到，用“科学”争取民众支持，不过是陷入不确定性的泥潭；反对者也不得不承认，即使“人为导致全球变暖”不成立，收回攫取自然的双手，恢复健康的环境，却的确刻不容缓。科学主义在全球变暖问题上只能带来重重矛盾，更不可能成为这一难题的解决之道。脱离对技术的过度依赖、转变价值观念，才能扭转人类的最终命运。

[参考文献]

[1] Stephanie Pappas. The Hockey Stick Chronicles：An Insider's Look at the 'Climate Wars' [EB/OL]. http：//www. livescience. com/19064 - hockey-stick-climate-wars-mann. html，03/15/ 2012.

[2] Michael E. Mann. The Hockey Stick and the Climate Wars：Dispatches from the Front Lines [M]. New York：Columbia University Press，2012.

[3] Michael E. Mann，Raymond S. Bradley & Malcolm K. Hughes. Global-Scale Temperature Patterns and Climate Forcing over the Past Six Centuries [J]. *Nature*. 1998(392)：779 - 787.

[4] Michael E. Mann，Raymond S. Bradley & Malcolm K. Hughes. Northern Hemisphere Temperatures During the Past Millennium：Inference，Uncertainties，and Limitations [J]. *Geophysical Research Letters*，1999 (26)：759 - 762.

[5] Biographical Sketch of Michael E. Mann [EB/OL]. http：//www. meteo. psu. edu/holocene/public _ html/Mann/about/index. php，11/04/2012.

[6] Marco Evers，Olaf Stampf & Gerald Traufetter. A Superstorm for Global Warming Research [EB/OL]. http：//www. spiegel. de/international/world/climate-catastrophe-a-superstorm-for-global-warming-research-a-686697. html. 04/01/2010.

[7] Stephen McIntyre and Ross McKitrick. Corrections to the Mann et al. Proxy Data Base and Northern Hemisphere Average Temperature Series [J]. *Energy and Environment*. 2003，14 (6)：751 - 772.

[8] Ross McKitrick，What is the 'Hockey Stick' Debate About? [EB/OL]. http：//climateaudit. org/2005/04/08/mckitrick-what-the-hockey-stick-debate-is-about/，04/04/2005.

[9] Michael E. Mann, Raymond S. Bradley & Malcolm K. Hughes. Corrigendum: Global-Scale Temperature Patterns and Climate Forcing over the Past Six Centuries [J]. *Nature*, 2004(430): 105.

[10] Stephen McIntyre & Ross McKitrick, Hockey Sticks, Principal Components, and Spurious Significance [J]. *Geophysical Research Letters*, 2005 (32): 3.

[11] Richard A. Muller. Global Warming Bombshell: A prime piece of evidence linking human activity to climate change turns out to be an artifact of poor mathematics [J/OL]. http://www.technologyreview.com/news/403256/global-warming-bombshell/, 10/15/2004.

[12] Richard A. Muller. the conversion of a climate change skeptic [N/OL]. http://www.nytimes.com/2012/07/30/opinion/the-conversion-of-a-climate-change-skeptic.html, 07/28/2012.

[13] Edward J. Wegman, David W. Scott, Yasmin H. Said. AD HOC Committee Report on the 'Hockey Stick' Global Climate Reconstruction [R/OL]. http://www.uoguelph.ca/~rmckitri/research/WegmanReport.pdf, 12/04/2012.

[14] Gerald R. North, Franco Biondi, Peter Bloomfield, et al. Surface Temperature Reconstructions for the Last 2, 000 Years [R/OL]. National Academy of Sciences, 2006.

[15] 黄为鹏. "曲棍球杆曲线"丑闻、气候泡沫与气候政治的未来 (EB/OL). http://shc2000.sjtu.edu.cn/20110220/qugunqiuganlilun.pdf, 12/06/2012.

[16] A Email from Phil Jones to Ray Bradley [EB/OL]. http://yourvoicematters.org/cru/mail/0942777075.txt, 11/16/1999.

[17] Kevin Grandia. Michael Mann in his own words on the stolen CRU emails [EB/OL]. http://www.desmogblog.com/michael-mann-his-own-words-stolen-cru-emails, 11/25/2009.

[18] [美]马克·列文. 美国可以说不：站在自由与暴政十字路口的美国[M]. 施铁，译. 北京：法律出版社，2010.

[19] Sir Muir Russell, et al. The Independent Climate Change Email Review [R/OL]. http://www.cce-review.org/pdf/FINAL%20REPORT.pdf [R/OL], 07/07/2010: 11.

[20] House of Commons Science and Technology Committee. The disclosure of climate data from the Climatic Research Unit at the University of East Anglia

[R/OL]. http://www. publications. parliament. uk/pa/cm200910/cmselect/cmsctech/387/387i. pdf, 03/24/2010.

[21] [美] 科恩. 科学中的革命 [M]. 鲁旭东，等译. 北京：商务印书馆，1998：45.

[22] Yale Project on Climate Change and the George Mason University Center for Climate Change Communication. Climate Change in the American Mind: Americans' Global Warming Beliefs and Attitudes in January 2010 [R/OL]. http://e360. yale. edu/images/digest/AmericansGlobalWarmingBeliefs2010. pdf, 12/06/2012.

[23] Yale Project on Climate Change and the George Mason University Center for Climate Change Communication. Politics & Global Warming: Democrats, Republicans, Independents, and the Tea Party [R/OL]. http://environment. yale. edu/climate/files/PoliticsGlobalWarming 2011. pdf, 09/07/2011.

[24] A. A. Leiserowitza. Climategate, Public Opinion, and the Loss of Trust [EB/OL]. http://environment. yale. edu/climate/files/Climategate _ Opinion _ and _ Loss _ of _ Trust _ 1. pdf, 12/06/2012.

[25] 王绍武，罗勇，赵宗慈，等. 气候模式 [J]. 气候变化研究进展，2013，9 (2)：150-154.

[26] Mark Maslin & Patrick Austin. Uncertainty: climate models at their limit? [J]. *Nature*, 2012, 486: 183-184.

[27] 王绍武，罗勇，赵宗慈，等. 平衡气候敏感度 [J]. 气候变化研究进展，2012，8 (3)：232-234.

[28] Pallava Bagla. Climate Science Leader Rajendra Pachauri Confronts the Critics [N/OL]. http://www. sciencemag. org/content/327/5965/510. full, 01/29/2010.

[29] George Monbiot. The IPCC messed up over 'Amazongate' —the threat to the Amazon is far worse [N/OL]. http://www. guardian. co. uk/environment/georgemonbiot/2010/jul/02/ipcc-amazongate-george-monbiot. 07/02/2010.

[30] 列维特，都伯纳. 超爆魔鬼经济学 [M]. 曾贤明，译. 北京：中信出版社，2010.

[31] Bjørn Lomborg. Cool It: The Skeptical Enviromentalist's Guide to Global Warming [M]. Knopf Publishing Group, 2007.

核　　电

福岛的教训：坚持理性的核安全哲学

程平东（上海核工程研究设计院）

摘要 本文基于福岛事故的反思，通过技术分析，提出了“坚持理性的核安全哲学”这一命题，基本内涵包括五个方面。第一，基本的认识论：核安全是可认识、可驾驭、可实现的；第二，基本的辩证法：向零风险逼近，确立核能安全的科学发展观；第三，基本的行动计划：消除设计隐患，杜绝管理危险因素；第四，基本的保证体系：优化纵深防御，强化第六屏障；第五，基本的行为准则：对公众负责，构筑全社会信心。

关键词 福岛核事故；核安全哲学；核风险；设计安全；管理安全；纵深防御；第六屏障；公众信任

一、引言

2011 年的福岛核事故震惊了世界。一年多来，全球经历了一场关于核理念、核政策的大考试。出于政治、经济、社会、环境以及技术、管理、心理、认知等多种因素的差异，人们的答案迥然不同。一些一贯反对核电的国家更加坚定了反核立场，一些重要的核电发达国家宣布了“弃核”计划或萌发了“限核”意向，多数核电大国则坚持既定的发展方向不变。我国在全面检查在役与在建核电厂、暂停审批/核准新项目的同时，积极慎重地制定新的核安全规划，调整原定的项目安排，在新的高度上、以新的面貌重启核电发展的大门。

核电在保障能源安全、应对气候变化等方面有着其他能源无法替代的作用。但是，32年间发生的三里岛、切尔诺贝利、福岛三次核事故却一次又一次地把核能的安全风险无情地推到人们面前。对于一个两难的命题，冷静的思考、理性的抉择是成功者的品格。在这里，不可回避的基本问题是：如何认识核安全，如何驾驭核风险，如何消除核隐患，如何增强核防御，如何构筑核信心。这些问题构成了核安全哲学研究对象的基本框架。本文力图从三次核事故，特别是福岛核事故的教训中，进一步揭示我国核能界在长期实践中形成的核安全哲学的基本内涵，进一步阐明坚持理性的核安全哲学在当前的特殊价值。

本文的论述包括以下五个方面：

(1) 核安全是可认识、可驾驭、可实现的——这是基本的认识论。

(2) 向零风险逼近，确立核能安全的科学发展观——这是基本的辩证法。

(3) 消除设计隐患，杜绝管理危险因素——这是基本的行动计划。

(4) 优化纵深防御，强化第六屏障——这是基本的保证体系。

(5) 对公众负责，构筑全社会信心——这是政府、行业、企业基本的行为准则。

本文不从抽象的概念出发来论述理念问题，而是通过对技术发展过程的考察和相关技术内容的分析逐层阐发上述论题。

二、核安全是可认识、可驾驭、可实现的

在核电厂从原型阶段发展到第二代、第三代的过程中，核电

厂安全设计也经历了三个阶段的发展：从安全系统相对原始、相对简单的第一阶段，发展到以能动安全为主、安全系统日趋复杂的第二阶段，现在已进入以非能动安全为主、安全系统向简单回归的第三阶段。这一发展过程勾勒了人类关于核能安全的认识论轨迹。

（一）早期固有安全与多重保障理念的诞生为后续发展开了好头

1942 年 10 月，历史上第一次自持链式裂变反应在芝加哥 1 号堆（CP－1）上实现。CP－1 把自然力的非能动应用（安全棒在重力作用下自动释放）与反应堆固有安全机制（缓发中子效应和负温度效应）相结合，为核能安全奠定了最原始、最重要的基础。

建于 20 世纪 50 年代的奥勃宁斯克（Obnisk）和希平港（Shipping-port）等第一代核电厂的安全系统仍然是简单的，但是早期压水堆中用于快速自动停堆的控制棒系统和用于后备手动停堆的流体中子吸收剂系统的结合等技术措施，为核能安全开启了多重保障的理念之门。

（二）设计基准概念的构建和纵深防御体系的形成谱写了二代核电的良好业绩

裂变核能在 20 世纪 60 年代进入商用开发阶段以后，第二代核电厂的安全系统经历了从简单到复杂的漫长过程，形成了保障核能安全的设计基准构架和纵深防御体系。这是认识与实践交互作用的合乎逻辑的产物。在一系列标志性事件中，首先是 1962 年在美国联邦法规 10CFR100 中规定了厂址准则，而厂址准则的确定是以必须有安全壳为前提的。据此，安全壳和为安全壳提供喷淋、冷却、隔离、过滤、通风等功能的安全系统，以及关于事故概率、放射性源项、剂量限值等要求陆续进入核电厂建设的法定规范体系。紧接着，针对最受关注的设计基准事故——失水事故（LOCA）开展了大量研究。为避免堆芯熔化、安全壳超压破裂和放射性向环境释放，要求在核电厂中增设专设安全设施。特别是1967年以后，为确保压力容器完整性，开始对应急堆芯冷却系统（ECCS）实施改进，并在1974年发布了ECCS准则（10CFR50附录K）。在上述基础上形成的纵深防御体系为第二代核电厂创造了良好的安全运行业绩。

但是，就在1975年，一份具有里程碑意义的概率风险评估报告WASH-1400发出了低概率事件威胁核电厂安全的警告。不幸的是，预言变成了事实。1979年，三里岛二号机组（TMI-2）因蒸汽发生器主给水丧失，叠加多重操作失误和个别设备故障，引发了小LOCA和堆芯部分熔化，大量放射性物质溢出。此次事故后，核电厂按照10 CFR 50要求增补TMI-2，如增加堆顶放气系统等新的设施和多种系统改进，并进一步加强人因工程设计，由此形成了可称为“第二代改进型”的技术特征。

（三）传统设计基准的突破与严重事故对策的完善保障了第三代核电的安全预期

三里岛的超设计基准事故深化了人们对核安全风险的认识，推动核能界致力于不断完善纵深防御体系。1986年的切尔诺贝利核灾难再次向全世界敲响警钟：必须重视核电厂运行安全以及作为核电厂主要风险来源的超设计基准事故。相对于三里岛的教训，这并不是一个新的结论。但是，切尔诺贝利向世人展现了核电厂严重事故的可怕后果，推动核安全对策突破传统的设计基准概念，引入一系列防止和缓解严重事故的措施，包括自动卸压、防止氢爆、防止安全壳直接加热和早期失效、防止蒸汽爆炸、堆芯融熔物堆内保持或堆外捕集等，并针对人的因素在核电厂运行安全中的极端重要性，系统地形成了人因工程学的一整套理论与方法，在核电厂设计中则更加重视概率安全评估的作用。

三里岛和切尔诺贝利对传统设计基准概念的挑战，以及由此产生的应对严重事故，即应对那些可使堆芯明显恶化的超设计基准事故的一系列对策，促进了核电技术从第二代向第三代的转化。

为了防止和缓解严重事故，如果沿袭第二代核电发展过程中形成的定势，一方面进一步强化相关的专设设施，例如把安全注射、堆芯余热排出等系统由二列扩充为四列，同时把服务于专设设施的支持系统维持在核安全级并相应地增加配置，再增设堆芯融熔物捕集和堆外冷却以防止安全壳熔穿之类措施，必将造成第三代核电更加复杂。从 1985 年开始，美国推行先进轻水堆（ALWR）研究计划，并在 1986 年由核管会（NRC）发布先进核电厂管理政策，阐明了先进堆的基本特征，电力研究所（EPRI）则在 1990 年首次公布了“先进轻水堆用户要求文件”（URD）。先进轻水堆研发和 URD 出台的历史功绩首先在于不在沿袭传统的思路，而把简单化作为新一代核电厂的设计哲理，使依赖于重力、惯性、对流、扩散、蒸发、冷凝、自然循环等自然力的非能动技术引领了核电厂安全系统简单化的革命，为核电发展开辟了一条更安全、更经济的全新的技术路线。

在经历了 20 多年的徘徊与探索以后，国际核电终于在新世纪的第一个 10 年以全新的面貌揭开了复兴的序幕。这一新态势是以技术转型为主要特征的：新建项目以第三代技术为主流，未来项目则更多地期待着第四代或更先进技术的工程化和商用化。这种新态势的核安全内涵是最大限度地降低甚至在原理上完全排除严重事故发生的可能性以及核废物的潜在危害，为核能的持续发展构建一个可依托的框架。

（四）福岛事故没有动摇核能安全的认识论基础

2011 年的福岛核风暴给刚刚拉开的核电复兴的序幕当头一棒，把核安全是否可认识、可驾驭、可实现的问题再一次严酷地摆在世人面前。

福岛事件是大自然强加给人类的一次无法在任何实验构想中演绎的大试验，展示了外部超设计基准事件引发核电厂严重事故的全景式过程与情景。但是，考察一下第三代核电技术的研发过程就会发现，由福岛展示的严重事故的过程与情景正是严重事故现象学长期研究的主要对象，前一小节提及的防止和缓解严重事故的一系列对策正是基于对严重事故各种复杂现象的全面认识而建立的。由大地震、大海啸引发的福岛核事故，恰恰从正面与反面、从现象到本质，暴露了早期第二代核电技术的设计危险因素，预示了第三代核电技术的一系列对策具备防止与缓解严重事故的足够能力，再次验证了核安全是可认识、可驾驭、可实现的。福岛核事故没有动摇，也不可能动摇核能安全的认识论基础。

三、向零风险逼近，确立核能安全的科学发展观

我国核安全法规 HAF102《核动力厂设计安全规定》指出："核动力厂的安全设计适用以下原则：能导致高辐射剂量或大量放射性释放的核动力厂状态的发生概率极低，具有大的发生概率的核动力厂状态只有较小的或没有潜在的放射性后果。"在工程实际中，预计的堆芯损坏频率（CDF）和大量放射性释放频率（LRF）是评估与控制核安全风险的两个主要指标。HAF102 所说的"概率极低"就是要求这两个指标在数值上极小。理想的状态是这两个指标在数值上小到实际上为零，使严重事故的发生彻底排除在可能的核安全风险之外[1]。这种状态是可以达到的吗？什么是理性地回答这个问题的科学态度呢？

（一）风险极低是一个从初级到高级的发展过程

美国 NRC 为运行核电厂规定的 CDF 与 LRF 目标值分别小于等于 10^{-4} 和 10^{-6}/堆年。这样的目标值是从以下两个社会学指标导出的：①临近核电厂的个人由核电厂事故所导致的立即死亡风险不超过美国人所面临的其他事故所导致的立即死亡风险总和的 0.1%；②核电厂邻近区域人口由于核电厂运行导致癌症死亡的风险不超过其他全部原因所导致癌症死亡风险总和的 0.1%。这两个 0.1%是美国公众能够接受的。

令人担忧的是，截至福岛事故发生，全球核电机组已累计运行约 1.45 万堆年，如果能按离散事件概率的二项分布来处理

这个样本，那么，实际发生的 CDF 和 LRF 都已大于 NRC 的目标值。当然，把这个样本中的所有事件都看作具有相同概率的独立事件是不恰当的，因为发生严重事故的都是二代机组的早期设计，不能与改进后的机组同等看待，而且福岛发生的多堆事故是同一事件中的共模失效。但是，考虑到已经发生的事件以及这些事件的个体特点，人们恰恰可以看到严格限制 CDF 和 LRF 的必要性，以及大幅度提高二代机组概率安全水平的必要性。统计数据表明：经过三里岛事故后对原有系统、设备进行改造与更新，二代现役核电厂的 CDF 评估值约为 5×10^{-5}/堆年，LRF 评估值为 $(1\sim9)\times10^{-6}$/堆年，大体上已满足 NRC 的要求。

第三代核电技术的共同特征是采取了一系列预防和缓解严重事故的措施。URD 与国际原子能机构（IAEA）的新要求及我国核安全导则 HAD102/17 都把新建核电厂的堆芯熔化概率降低了一个量级，即 CDF $\leqslant10^{-5}$/堆年，使其与 LRF $\leqslant10^{-6}$/堆年更加合理地匹配。欧洲压水堆 EPR 的 CDF 和 LRF 分别为 1.18×10^{-6} 和 0.96×10^{-7}，采用非能动安全技术的 AP1000 则分别达到 5.08×10^{-7} 和 5.94×10^{-8}，一些先进小型堆的 CDF 与 LRF 分别设定为 10^{-8} 和 10^{-9}，第四代核能系统的诸多方案则基于固有安全的实现而无须场外应急。当然，极低概率的事件并非绝对不会发生的事件。但是，墨菲定律的警告毕竟没有否定概率论的科学价值，因为小概率事件发生的必然性也是通过它的偶然性实现的。

（二）固有安全的追求是会变成现实的

抛弃了核电也就排除了核能安全风险，这是一种绝对化的一蹴而就的简单逻辑。基于政治、经济、公众态度等实际因素的综合考虑，“弃核”可以是某些国家、某些地区的选择，但是，对于更多的国家、更多的地区并不是一种普遍可接受的选择。在核安全领域，通过持续不断的技术进步，从能动安全走向固有安全，向零风险逼近才是正道。

什么是“逼近”？逼近，讲的是方法与路径、理念与追求、精神与意志。“向零风险逼近”，是核能安全领域的科学发展观。这里不妨借用美国能源部关于新一代核能技术不同开发路径的对比（见图1）来具体考察这一命题。

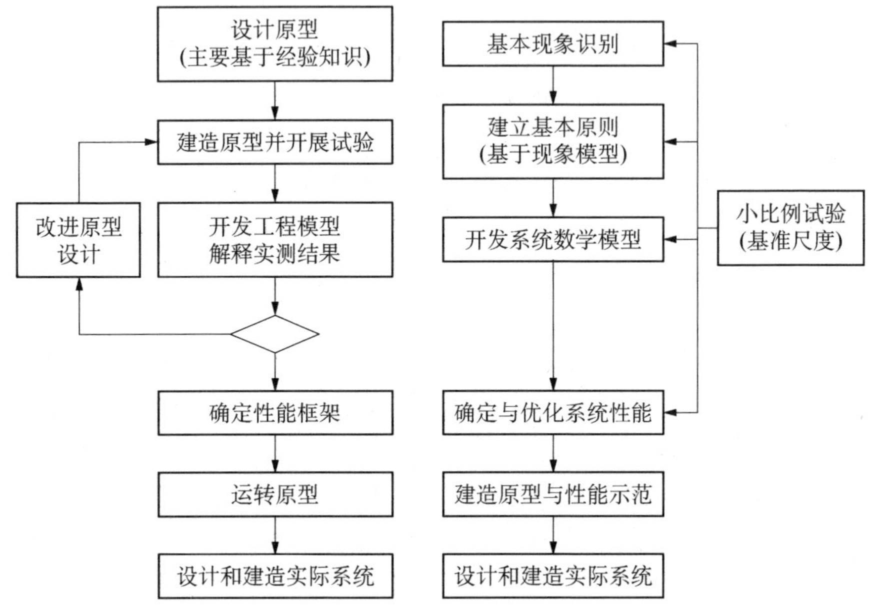

图1　基于原型与基于科学的两类开发方法

在美国和法国，包括改进型在内的不同压水堆机型的开发；在我国，从秦山一期到援建巴基斯坦的恰希玛，以及从大亚湾、岭澳到秦山二期、阳江、福清等一系列项目，包括呼声甚高的某些准三代设计，基本的方法与路径都属于图1中基于经验的和实测的原型主导。AP1000的电厂总体设计①，包括堆芯与燃料，也属此类。但是，AP600和AP1000为了更多地应用固有安全的技术，在非能动安全系统的开发中依靠了图1所示的“目

① 在不同的场合，人们对电厂总体设计可以给出不同的定义，赋予不同的内涵。本文在这里是指包括堆芯与反应堆冷却剂系统、从核能到电能的能量转化系统，以及保证核电厂安全的纵深防御体系在内的电厂基本构架。

标导向、基于科学”的路径预测，实现了两种方法的优化组合（参阅《第三代核电技术 AP1000》第一章[2]）。原型主导的设计改进有利于成熟技术的集成，目标导向的路径预测从基本的现象学识别开始，走的是一条原始创新、技术突破的路。如果核电换“代”的概念意味着“质”的飞跃，那么，只有走这样的路才能产生完整意义上的新一代。具有固有安全特性的、自成一体的非能动安全系统的成功开发，使 AP1000 在工程化的商用核电领域成为技术突破的带头羊，引领着先进轻水堆技术发展的主流方向。正是在这样的意义上，EPR 的开发路线是不能与之相比的。

沿着 AP1000 及其后续项目已付诸实施的路线图，可以成功地开发固有安全的核电厂专设系统，当然也可以成功地开发固有安全的堆芯与燃料系统，直至成功地开发固有安全的核电厂整机系统，完成新的“代”的跨越。我国的高温气冷堆技术，国际第四代核能开发计划中若干崭露头角、前景看好的堆型，走的就是这样的一条路[3]。

（三）核能安全是整个核燃料循环系统的安全

核电厂是整个核燃料循环系统的中间环节。核能安全不仅仅是核电厂运行安全，还包括燃料循环系统的前端安全与后端安全。这就涉及资源与环境安全、转化与浓缩安全、后处理与最终处置安全以及核电厂/核设施退役安全。核能可持续发展的核心环节是反应堆技术，但是，从根本上讲，核能可持续发展的基本问题是核燃料循环系统的可持续发展。整个系统的经济性、安全性、防扩散、废物最小化，构成了这个问题的四个主要方面。资源可持续利用、增殖与焚烧等技术目标的实现都需要从整个系统的优化设计中寻找出路。正是这些考虑，构成了第四代核能系统的开发目标。在某种堆型与某一代反应堆之间画等号，把某一代反应堆等同为某一代核能系统，是不全面、不正确的。站在能源安全、环境安全、经济安全与政治安全的高度来看待，整个核燃料循环系统的安全是本文讨论核安全哲学的基本出发点。

四、消除设计隐患，杜绝管理危险因素

在阐明了基本的认识论与基本的辩证法以后，这一节关于基本的行动计划以及下一节关于基本的保证体系就可以简要地讨论了。在理性的核安全哲学的总框架中，基本的行动计划则把关注的焦点放在了设计安全与管理安全上。

什么是设计安全？设计安全是通过正确的设计消除设计隐患，规避设计危险因素，实现预期的安全目标。什么是管理安全？管理安全是通过规范的管理消除管理隐患，杜绝管理危险因素，实现预期的安全目标。设计安全是包括制造安全、建造安全、运行安全在内的核电厂全寿期安全的基础与前提。管理安全的职能渗透在核电厂全寿期安全的各个环节中，是对核电厂全寿期安全的策划、组织、监测与控制（参阅《核电工程项目管理》第一章[4]）。

三里岛事故是由局部系统和设备的设计缺陷加上人员操作失误造成的。在切尔诺贝利，设计选型的不当使反应堆在原理上潜伏着不稳定机制，导致由人员操作失误引发失控爆炸。福岛的问题是针对极端外部事件的设计基准不足以抵御特大地震造成的特大海啸，在演变成严重事故的过程中加上监管缺位而丧失最佳恢复时机。三里岛、切尔诺贝利、福岛，一再地在设计安全与管理安全上给世人以警示。

福岛事故后，包括我国在内的国际社会迅速制订了行动计划，对现役核电厂进行安全检查、压力测试、裕量评估，对现行安全基准、安全理念进行再审查、再构思。经过近一年的酝酿，我国能源局组织启动了核电安全技术开发计划，旨在结合福岛事故的经验反馈，提高在运、在建核电机组的安全水平，增强应对极端外部事件的能力。即将生效的核安全规划和即将发布的核电中长期规划调整方案必将把我国核电审批、建造、运行的安全标准推上一个新的高度，使核电产业的未来发展走上更加健康、更

加科学的轨道。所有这些行动的核心都是为了最大限度地消除已被认识、已可预见的设计危险因素和管理危险因素，促使设计安全与管理安全全面实现。

五、优化纵深防御，强化第六屏障

纵深防御的概念为核能安全构筑了完整的保证体系。纵深防御是一个不断完善、不断发展的体系。HAF102 基于 IAEA 的理念，阐明了现代纵深防御体系的五个层次：维持核电厂正常运行和系统有效的第一层次；防止异常运行事件升级为事故工况的第二层次；应对设计基准事件的第三层次；防止和减轻严重事故的第四层次；实施厂内、厂外应急响应的第五层次。支持这些层次的分别是一系列硬屏障，即燃料基体、燃料包壳、反应堆冷却剂压力边界、安全壳等实体屏障和种种安全保护系统、专设安全设施的设置；以及一系列软屏障，即设计规范、质量保证、安全文化、运行规程、事故管理规程、应急计划等。

随着固有安全的非能动技术进入第三代，核电厂纵深防御的理念正在发生新的变化。这种变化是新一代核电厂能在与福岛事件类似的条件下保持安全功能有效的必然产物，是纵深防御体系在原有基本构架上的优化与增强。图 2 描绘了这种变化的主要特征：应对极端外部事件与严重事故的能力趋于增强，事故后的威胁与厂外应急的需求趋于减弱。可以设想，随着核电技术的不断进步，这样的趋势必将导致纵深防御概念的彻底改变。在我国，运行机组皆属二代改进，在建机组则是二代改进、三代并存，待建机组将以三代为主导。这种演进中的技术状态决定了我国核电纵深防御体系必定是图中的基本框架与优化增强框架的结合，决定了必须在优化厂内措施的同时增强厂外应急，强化快速反应，强化有效监管。

福岛核事故有两条重要教训：一是超设计基准外部事件能使多个机组同时损坏，并导致恢复努力变得十分复杂；二是长时间失电可迅速导致堆芯损坏。为了应对长时间丧失所有交流电源，

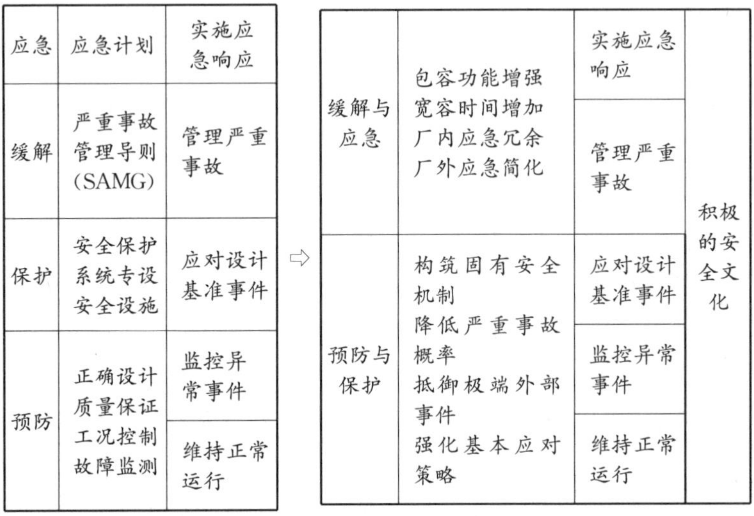

应急	应急计划	实施应急响应
缓解	严重事故管理导则(SAMG)	管理严重事故
保护	安全保护系统专设安全设施	应对设计基准事件
预防	正确设计 质量保证 工况控制 故障监测	监控异常事件
		维持正常运行

基本的

⇨

缓解与应急	包容功能增强 宽容时间增加 厂内应急冗余 厂外应急简化	实施应急响应	积极的安全文化
		管理严重事故	
预防与保护	构筑固有安全机制 降低严重事故概率 抵御极端外部事件 强化基本应对策略	应对设计基准事件	
		监控异常事件	
		维持正常运行	

优化增强的

图 2　纵深防御体系的优化与增强

为了应对乏燃料池失去冷却，为了应对丧失最终热阱，为了应对大火迅速蔓延，为了应对地震、水淹与其他外部自然现象引起的超设计基准事件和其他与此相关的在沸水堆（BWR）中特有的效应，美国核能研究所（NEI）提出了一个称为 FLEX 的应对策略，它所包含的措施是多样而灵活的，与现有的全厂断电应对策略结合在一起，以增强预防燃料损伤的能力[5]。这是针对特定层次增强二代核电纵深防御能力的案例。我国基于 AP1000 技术的 CAP1000 标准设计也增加了福岛事故后进一步提高安全裕度的考虑，包括防水封堵预案、72 小时后补水措施、72 小时后电源冗余保障（增加移动式柴油发电机）、乏燃料池水位监测、环境监测改进、强化应急指挥中心、开发全范围 SAMG（严重事故管理导则）等[6]。这是针对多个层次进一步优化纵深防御体系的案例。

三里岛、切尔诺贝利、福岛发生的严重事故与种种现实的事态，一再证明安全文化是核能事业科学发展的灵魂与支柱，它贯穿并渗透在纵深防御体系的各个层次、各个环节中。把它称为纵深防御体系的第六屏障，揭示的正是它的这种地位与作用。图 2

给出的框架，形象地表达了这一内涵。一切与核安全有关的从业人员，都应该像核安全文化原始文献所企望的那样，具有献身奋斗的工作精神、求索质疑的工作态度、严谨科学的工作方法、互助合作的工作习惯。福岛事故过程中表现出来的监管缺位则严酷地警告管理者，无论地位有多高、权势有多大，都必须首先做老实人、说老实话、办老实事。美国核管会在2011年1月发布的《安全文化政策声明》中定义的“积极的安全文化”，对“领导层的安全准绳与行动”“问题的发现与解决”“有效的安全交流”“相互尊重的工作环境”“质疑的态度”等九个特征所做的界定，是对安全文化的新归纳、新发展，可作为核安全管理的共同纲领①[7]。

六、对公众负责，构筑全社会信心

公众对核能的信心取决于公众对核能的信任。信任的基础是了解。因此，信息的公开与透明是必要的，知识的传播和科普也是必要的。但是，公众更为关注的是政府、行业、企业在涉及核能政策、法制、规划、管理以及市场运作、项目开发、技术选型、风险应对等方面的行为。福岛事故后，我国政府迅速而有力的应对措施与核行业、核企业的积极配合，获得了公众的信任。我国核电厂的安全运行业绩以及我国核安全监管体系的日趋完善，也获得了公众的信任。但是，福岛核事故的教训是深刻的，我国核电发展中的一些隐忧仍然牵动着公众的神经。对公众负责，构筑全社会对核能的信心仍然需要政府、行业、企业付出长期的努力。

（一）调控技术稀释，把握新建节奏

核电发达国家与核电发展中国家的一个重大区别是：前者拥有的运行电厂数多于甚至远多于在建与近期拟建数，后者恰恰相

① 参阅《走向成功的哲学——从秦山-恰希玛到AP1000》后记与附录。

反。不难设想，在10座运行电厂的基础上增加1座新电厂，与在1座运行电厂的基础上快速增加10座新电厂，导致的技术稀释、人才稀释、经验稀释将存在倍数甚至量级的差异。任何单位不要低估潜伏在这种差异和类似差异中的安全风险，以及由此构成的对发展规模与发展速度的制约。

我国已有运行核电机组15座。经过30多年的稳步发展，我国已在核电研发、设计、制造、建造、调试、运行、维护等各个领域积聚了相当雄厚的力量。我国核电已具备批量发展的能力，这正是适当加大发展规模、适当加快发展速度的依据。对于基于科学评估而调整的核电中长期发展规划，对于在规划指导下、制约下的具体部署，公众当然会有信心。但是，人们清醒地意识到，规划调整后的新建项目必将以三代技术为主，而我国在这方面的技术储备尚处于起步阶段，这就要求新建项目的铺开同样坚持“稳中求进”原则。在核电重启后的一定时期内，既防止因暂时的“青黄不接”而被并不先进的设计挤占市场，又把握新建的节奏，这对科学管理与宏观调控仍然是一个考验。在既定规划的总框架内，给新项目的合理布局、理性配置留出空间、时间，创造宽松的氛围，更是一门艺术。

（二）防止内耗重起，摆正主辅关系

“大力协同”是我国核工业的光荣传统，是社会主义制度能够集中力量办大事的基本条件。我国核电30多年的发展成就也是我国核电界团结奋斗的结果。但是，人们对这一主流中伴随着的种种争斗与内耗所带来的后遗症仍有切肤之痛。争论不能等同于内耗。真理愈辩愈明，但是，内耗却会把水搅混。

在我国核电发展史上，有过核电姓“核”还是姓“电”的争论，有过从小型重水堆起步还是从30万千瓦压水堆起步的争论。在福岛事故之前，在技术路线上更是发生过二代改进型与三代非能动型的激烈争论。这些争论起过积极的作用，也给管理体制、发展机制的优化改造带来了不小的困扰。福岛事故后，在惨痛的教训面前，二代改进型与三代非能动型的争论已不得人心。但

是，“山雨欲来风满楼”，福岛事故前持续多年不能平静的尖锐对立，在后福岛时代开始后迅速做出适应性调整，改头换面、卷土重来的阵势似又摆开。吸取教训，改进技术是好事，也是责任；而继续内耗则不利于事业的健康发展。

就技术发展的规律而言，无论是改进型二代、引入了某些非能动三代特征的混合型准三代，还是完整意义上的非能动三代，或改进型三代以及具有部分四代特征的准四代，都是客观事物前进过程中的不同层次、不同台阶，都有它们存在的理由；而且，任何先进技术的引进与开发，也都是为了带动与引领后进技术的改造与转型。在这里，与中央决策和国家战略保持一致，正确地自我定位，处理好侧翼与主线、局部与全面的关系，坚持大力协同，谋求互补共赢是正道。内耗综合征是慢性病，不大好治。如果不加警惕，后果必定是损伤公众对核能界的信任与期盼，并最终损及企业的长远利益与国家的整体利益。

（三）警惕市场盲动，维护战略导向

核电发展中的市场驱动与政府引导是一个问题的两个方面。在我国的具体条件下，没有市场驱动，就没有发展的活力；没有政府的引导，发展就会走偏方向。对于我国发育尚不健全的核电市场，政府的战略导向尤显重要。一度发生的核电“圈地运动”，一度出现的二代机组大举占领核电市场，都造成了政府不得不面对的既成事实，增大了优化调整的难度。

在市场经济中，理论总是为利益服务的。一种新出现的理论见解是：我国核电的压水堆技术路线早在我国核电起步时就得到明确，曾经猛烈发酵的二代改进型与三代非能动型之间的争论不是技术路线之争，正在拉开序幕的不同三代之争更是属于机型之争，应该由市场自行抉择选取何种具有自主知识产权的产品。以市场为筹码，左右政府意志，是这种理论的策略意图。回顾当年的争论，围绕 AP1000 是否引进，“爱国”与“卖国”之类的帽子也成了博弈场上的赌注。调动舆论，左右领导者的决心是那时的策略目标[8]。两相对比，似出一辙。

如同社会要从初级走向高级那样，技术也要从初级走向高级。超越发展阶段的空想不可取，迁就市场的短期行为而降格以求也不可取。引进 AP1000 技术，消化、吸收、再创新，在高起点上统一我国的压水堆技术路线是国家战略。市场配置的可选择性，不排除在一定的具体条件下，在一定的具体场合，由业主自行选择某种过渡机型。但是，市场配置要服从国家战略，服务于全局优化。有责任心的企业家应该与市场混战可能带来的乱局彻底划清界限，这是公众所企盼的，也是符合企业长远利益与国家整体利益的。

（四）力戒薄积多发，坚持实事求是

先进技术的产生与发展不是一朝一夕能够成就的。起步于 1984 年的 AP 型非能动技术，发展到 AP1000 在 2004 年 9 月获得以第 14 版设计控制文件（DCD）为基础的最终设计批准（FDA），然后在 2005 年 12 月获得以第 15 版 DCD 为基础的设计认证证书（DC），经历了 20 多年的时间。其间，以现象学的研究为基础，以实现反应堆应急冷却与安全壳事故冷却融为一体的长期非能动冷却为目标，逐步深入地开展从单项到综合、从小尺度到大尺度的大量工程模拟试验和广泛的计算机程序验证与计算分析，以及严格的 NRC 全面评估与审查，加上取自二代电厂的成熟经验，才最终形成可实施的工程方案。我国钠冷快堆技术与高温气冷堆技术也是经历了类似的过程才在今天进入工程原型阶段的。国家主导的 CAP1400 重大专项同样在按照类似的路线图攻坚克难。

工程翻版、“剪刀 + 浆糊”式的改进并不容易，在引进技术后的初级阶段也是必要的、现实的。但是，技术创新，特别是原创意义上的创新，要困难得多。没有长期不懈的艰苦努力，没有研究开发的深厚积累，没有工程项目的广泛实践，轻言“突破”，轻言“领先”，往往是心浮气躁的表现。

诚然，AP1000 依托项目尚在建设之中，谈不上运行成熟性，只有许可证成熟性（对于新设计用于项目开工，这是必要而充分的条件）。但是，已在芬兰和法国投建的 EPR，为在美国市场扫清道路而始于 2007 年的申请 NRC 设计认证的长期努力却一再受阻[9]。所有新设计都缺乏运行成熟性，而且，类似的设计理念往往会产生类似的设计隐患，引来类似的设计安全问题，都必须在严格的审查过程中得到正确的处理，达到许可证成熟的程度才能用于工程项目。EPR 的经验告诫人们，不要低估设计复杂性中潜伏的不平衡、不匹配、相互干扰或相互依赖带来的安全挑战，把不具备许可证成熟性的新设计急急忙忙推向市场是风险很大的。

在非能动安全领域，我国的核电工程技术人员毕竟是初学者，即便过去是专家，现在也只是刚刚开始亲力亲为，知识的来源主要是书本和资料，加上一些参观与访问。技术转让及其分许可尚在按部就班地实施，服务于重大专项的科学实验尚在进行之中，取得创新、创造的实际战果还有相当长的路要走。发扬卧薪尝胆的精神，继承厚积薄发的传统，避免心浮气躁的盲动，力戒薄积多发的虚夸，坚持实事求是、兄弟提携，共攀世界核电顶峰，将是公众所乐见的。

七、结语

本文基于对福岛事故的反思，提出了“坚持理性的核安全哲学”这一命题，其内涵包括五个方面。第一，基本的认识论：核安全是可认识、可驾驭、可实现的；第二，基本的辩证法：向零风险逼近，确立核能安全的科学发展观；第三，基本的行动计划：消除设计隐患，杜绝管理危险因素；第四，基本的保证体系：优化纵深防御，强化第六屏障；第五，基本的行为准则：对公众负责，构筑全社会信心。

本文没有见解独特的新思维，只是试着运用辩证唯物主义与历史唯物主义的原理，把许多人探讨过的问题加以归纳与整理，把许多人想说而尚未说出来的话说破。希望与同行切磋，得到感兴趣的读者的指正。

[参考文献]

[1] 程平东. 科学要实事求是，讨论需心平气和——关于概率安全的辩证法[J]. 核电工程与技术，2009 (3).

[2] 孙汉虹，程平东，缪鸿兴，张维忠，朱鑫官，翁明辉. 第三代核电技术AP1000 [M]. 北京：中国电力出版社，2010.

[3] U. S. DOE/NE. Nuclear Energy Research and Development Roadmap, April 2010.

[4] 程平东，孙汉虹. 核电工程项目管理 [M]. 北京：中国电力出版社，2006.

[5] Tony Pietrangelo. Intergrated Safety-Focused Approach to Implementing Fukushima Lessons Learned [R]. International Experts' Meeting on Reactor and Spent Fuel Safety in the Light of the Accident at the Fukushima Daiichi Nuclear Power Plant. Vienna, Austria. IAEA, 19 - 22 March 2012.

[6] 顾军. 答《能源》杂志记者问 [J]. 能源，2012 (5).

[7] 耿其瑞，孙汉虹，程平东. 走向成功的哲学——从秦山-恰希玛到AP1000 [M]. 北京：中国电力出版社，2012.

[8] 程平东. 影响核电工程比投资的几个重要效应——兼论公众关注的若干相关问题 [J]. 核电工程与技术，2006 (2).

[9] Outstanding issues delay EPR certification. http://www.world-nuclear-news.org/RS-Outstanding_issues_delay_EPR_certification-3105124.html. 2012 - 5 - 31.

科学与理性能化解核危机吗?

钱 骕

自“二战”时美对日的核袭击，到美国三里岛有惊无险的核事故，再到苏联震惊中外的切尔诺贝利核爆炸，直到近来满城风雨的福岛事件，核能（或称“原子能”）是一种向来无法令公众彻底安心的能源。然而，很多高举反核旗帜的公众却鲜少了解核能究竟是什么？核能是如何发展起来的？核能的优缺点是什么？核电真的不安全吗？公众为什么对核安全问题如此关注？英国作家、环保人士莱纳斯（Mark Lynas）曾说：“人们在进行讨论时无法获得任何背景知识，仅仅知道：辐射很危险，可以引起癌症。在一些照片中看到受到辐射的人头发脱落，人们脑海中还会闪现出原子弹爆炸的景象等，就是这些。我们知道，一般来说，人们在面对风险时都无法理性地做出判断。你可以从各种生活行为模式中得出这一结论，在核能这个问题上尤其如此。”[1] 因此，对核能进行一番客观剖析就显得十分必要，有助于我们对核危机这个问题做出全方位的评判。

一、核能的发展：一个系统升级的过程

核能在其发展的最初离不开人类对万物本

原的探求。从19世纪末英国物理学家汤姆生（Joseph John Thomson，1856—1940）发现电子，到中子、质子的发现，又经过爱因斯坦（Albert Einstein，1879—1955）的质能方程打破能量与物质的界限，科学家们逐渐认识到物质的基本组成粒子在相互作用时可能释放出巨大的能量。1934年“反应堆之父”费米（Enrica Fermi，1901—1954）发现人工放射现象，1938年德国科学家哈恩（Otto Hahn，1879—1968）发现核裂变现象，1942年世界上第一座核反应堆CP-1在芝加哥大学成功启动，1954年苏联建成世界上第一座核电站——奥布灵斯克核电站（Obninsk）。这一系列“核”的重大成果铺就了原子能的探索之路。

此外，世界形势和政治军事格局的影响也不容忽视。德国的世界性扩张计划在无形中推动着核能的发展，美国曼哈顿工程更是将原子能的影响力扩散到整个世界。在夺取战争胜利或维护世界和平之类名义的激励下，核能开始了大跨步的前进。然而，美国对日投放的两枚原子弹带来的后果令全世界对核能充满忧虑，但这并不影响人类对核能的继续探索。战后重建、经济发展带动能源的巨大消耗，在不可再生资源已经难以满足社会发展的需求、部分可再生资源又受到种种限制的时候，相对清洁环保（指无碳排放）、经济（从长远发展角度看）且在各个领域均有建树（如医学、考古等）的核能开始崭露头角。

20世纪，核科学在美苏和欧洲国家迅速发展起来。除去政治军事等方面，其重心还在核电的研究上。

与煤炭、石油、天然气等有机物通过燃烧释放热能发电不同，核电站通过重核裂变释放原子热能来发电。通俗地讲，就是用“原子锅炉”烧开水，然后以水蒸气带动蒸汽轮机来发电。这就为解决能源问题创造了新的契机。据统计，截至2011年12月31日，全球在运营核电站反应堆435座，在建65座，装机总容量达369兆瓦[2]。

然而，核电的发展并非一帆风顺。从第一代到第四代核技术，核电的发展遵循着自然界新生事物的普遍发展历程——即由最初“稚嫩”到渐趋“成熟”的成长过程，其间大部分问题都已得到很好的解决，在安全性方面也有很大的提升。

（一）核反应堆燃料

核反应堆燃料问题是前三代核技术亟待解决的问题。目前世界普遍应用第二、三代核电技术，即压水堆。反应堆工作的基本原理是：可裂变燃料铀－235经中子轰击发生裂变，同时释放出大量热能，而裂变反应中释放出的中子经过减速再次加入核反应，从而引发链式反应持续工作。然而，作为反应堆燃料的可裂变材料铀－235却很稀少。铀－235在天然铀中只占0.7%，剩下的99.2%为不易裂变的铀－238。

为了解决这个问题就产生了以快中子增殖反应堆（Fast Breeder Reactor，以下简称“快堆”①）为主要堆型的第四代核技术，这是在“二战”后美国核工程专家首次提出的想法。该技术有一个巨大优势，即可在反应过程中使燃料增殖，且增殖出的燃料多于消耗掉的燃料。另外，快堆的主要燃料为铀－238，与传统铀燃料相比储量更丰富。这为攻克核燃料匮乏这一历史性难题提供了有效途径。

（二）放射性废物处理

放射性废物的处理是核技术中最受环保人士质疑的部分。由于放射性核废料中钚，次锕系核素（MA）以及长寿命裂变产物（LLFP）的衰变期高达三四百万年，因此，核废料处理的选址就显得捉襟见肘。通过集中处理、固化、深海掩埋、荒原处理等普遍方案虽然暂时可取，但仍无法彻底排除安全隐患。

对这个问题处理直到快堆出现时才有所突破。快堆采用的封闭式循环反应使其中铀资源的利用率得到了极大的提高，可从单纯发展压水堆的1%提高至60%～70%，同时还能将核废料作为反应堆的燃料参与发电。

---

① “快堆”是利用核裂变产生的快中子（动能超过1000电子伏特的中子）轰击裂变燃料，使其维持裂变持续可控地进行；同时，用快中子轰击铀-238，把不易裂变的铀-238转变成易裂变的钚-239。

（三）核电站安全

核能之所以无法令人类彻底放心还在于安全问题。从技术上来看，重大核事故，如美国三里岛核事故（1979 年）、苏联切尔诺贝利事故（1986 年）、日本福岛核泄漏（2011 年）都发生了堆芯熔毁事件，切尔诺贝利事件暴露了第二代核技术在安全上的缺陷。通过改进，第三代核技术如美国的 AP1000 技术，已将堆芯熔化的可能性降低了 100 倍。美国、法国等国家已公开宣布，今后不再建造第二代核电机组，只建设第三代核电机组。关于反应堆衰变热的冷却问题，清华大学核能与新能源技术研究院院长兼总工程师张作义在接受《中国经济周刊》专访时提到："它需要的水很少，只需要每小时 10 吨水，一辆消防车来回跑就够了。"[3]

第四代快堆采用钠作为冷却剂大大提高了冷却效率，但也不能保证"绝对安全"。裂变材料国际小组关于快堆工程的研究报告中提到快堆存在特殊安全隐患[4]。如日本的文殊（MONJU）原型快堆等，其事故原因主要还是前期技术缺陷和经验不足。此外，目前国外为了提高这方面的安全系数，还在研制氦冷、铅冷、铅铋合金冷等技术。

然而，能将核事故定义为纯粹的技术性事故吗？答案是否定的。

欧阳予是中国科学院院士、俄罗斯工程院外籍院士、秦山核电站总设计师、巴基斯坦恰希玛核电工程总设计师、连云港核电站总工程师，他认为这三起核电站安全事故的机理是不同的。三里岛事故主要是人为失误造成的，而人为失误具有偶然性，是不可避免的，因此目前的安全设计尽量使人为事故的概率降到最低。切尔诺贝利事也离不开人为操作失误问题。实际上，苏联切尔诺贝利这种反应堆是军用的，不能作为民用。福岛事故是由于日本将核电站建在地壳活动断层上，这里原本就有很高的地震发生率，再加上其岛国地理环境，强震极易引发海啸，最终致使核电站的供电系统出现问题引发核事故[5]。若是从核电站的选址角度讲，日本这种明知本国的地理问题不适宜建核电站而选择建核电站的行为，也可定义为另一种层面上的人为问题。

日本核技术史专家涩井康宏也说："从运营方式、技术特点等看，福岛的几个机组与切尔诺贝利有很大的不同。苏联发生那么大的事故，与当时的管理体制混乱、多个工作环节上同时发生错误有着很大的关系，日本仅仅是冷却系统出了问题。"[6]

对于核技术的安全性问题，欧阳予提到："核电站在设计时都是有多重防御系统的，比如，假使反应堆不工作了，会自动开启注水、降压等多种应急处理方式。第二代核电站基本上也都考虑了地震等自然因素，包括海啸。在美国"9·11"事件之后，甚至还考虑到了飞机撞击核电站的情况。而即便发生了严重地震，也不是不可以把损失控制在最小。第三代核电站如果出现堆芯熔化，反应堆功率加大，会有阀门自动打开进行卸压，安全壳也比较结实，不容易烧坏。"[7]事实也证明了核电站建筑在应对自然灾害时的安全可靠性还是相当高的，如美国核电厂于2012年10月28～30日成功应对桑迪飓风，福岛核电站即使建在活动断层上，也经受住了当时里氏9级的大地震。

近来"人为"问题又再起风波。韩国核电站因为不合格零件被迫进行全国核电站大检查，这又是一起人为因素事故了。

对核安全的质疑，莱纳斯（Mark Lynas）提出三点看法：①三里岛事件中无任何人员伤亡；②切尔诺贝利事件后续长期研究结果表明，其影响远小于人们最初担忧的结果；③其他任何一种大型能源来源、所存在的危险、全世界自然灾害所造成的人员伤亡以及环境污染的严重性都不比核能小。因此，他得出结论："与放射性本身的危害相比，人们对于放射性的恐惧所造成的伤害更大。"[8]

而作为对核能反思一方的著名物理学家、能源理论学家罗文（Amory B. Lovins）却认为人们的忧虑并非多余，他提出：

（1）监管机构并没有积极解决潜在的重大安全隐患，如恐怖组织对反应堆的威胁，破坏这一重要产业的发展。

（2）人类的易犯错性使得灾难的发生无可避免。如诺贝尔奖得主瑞典物理学家阿耳文所说："不应该允许任何超出人类控制的行为。”

(3) 核反应堆建造的缓慢和昂贵使它减缓了环境保护的力度，应该加大其他新能源的开发力度。核能非但不是必需的，也是不经济的[9]。

上述第一点也是德国前外交部部长费舍尔（Joschka Fischer）认为需要关闭核电站的理由之一，但该理由似乎同样适用其他种类的发电站以及大型企业机构。至于后两点，仍要视具体情况而定，而目前的事实是虽然核电站有引发事故的可能，但我们不能否认短期内它还是被需要的，并且也不排除其可持续发展的可能。

（四）核辐射争议

核电的发展还需解决民众对核辐射的恐慌问题。核电站辐射对其周围生物的影响一直饱受争议。传统观点认为核电站不会泄露足以让生物发生变异的辐射，但瑞士科学插图画家科妮莉亚·海塞·霍纳格（Cornelia Hesse Honag）在核设施以及化学污染区附近发现她所收集的昆虫中有多达30%出现变异，如触角变短、腿部畸形以及翅膀不对称。相比之下，在野外发现的变异昆虫总体比例为3%左右。她说：“在我看来，变异昆虫就像是大自然的未来写照。”[10]

但这个说法并不能为大多数专家所接受，理由是这样的结论过于草率，没有用科学的方法进行全方位统计、分析和考察。那么辐射到底是什么呢？辐射无处不在，我们吃的、住的、天空、山川，乃至身体都存在着放射性，核辐射只是其中的一种，并且其主要是物理性的传播而非生物性的[11]。此外，有专家提出人类的抗辐射度比昆虫要强，使昆虫变异的辐射量在人体可接受的范围之内。关于核电站周围核辐射对人体以及周围环境的影响有学者专门做过调查研究，结论是核辐射区工作人员受到的辐射量在安全范围①内[12]。

---

① 国际标准是辐射量＜100毫希，对人体没有任何危害。

深圳大学核技术研究所原所长王豫生认为，辐射对健康的影响很难定论。她谈到三点：

(1) 就其自身及其领导、同事的情况看，长期与核辐射接触的工作人员中不乏长寿者。

(2) 即使工作中受到一定程度的核辐射，一般都能通过及时治疗康复，且新中国核能研究起步早，对核辐射的处理和治疗技术也是很高、很成熟的。

(3) 以具体情况为例，广东省阳江市的辐射强度比广东省平均水平高出一倍，但恰恰相反，阳江的癌症发病率反而远远低于广东省平均水平[13]。

虽然王豫生对第一点的表述没有严格的统计数据论证，但用他对第三点的总结来说：即固然不能说辐射越大对身体越好，但这至少说明辐射并没有一些人想象的那样可怕。

而针对公众对核辐射的恐慌，莱纳斯却认为在他看来具有讽刺意味的是，福岛所发生的一切都恰恰证明了公众对于放射性的担忧中有多少是属于杞人忧天。他提出以下几点：

(1) 人们没有办法对其风险进行正确的评估。

(2) 从统计学角度而言，空气污染所带来的风险比辐射所带来的风险大得多。

(3) 媒体之所以会对辐射的升高大做文章是因为我们可以对其进行极为精确的测量。

(4) 对于公众所能接受的辐射物质含量设定的安全水平，要远远低于能够对公共健康造成威胁的水平。

(5) 少量辐射物质的存在并不意味着会对人产生危害[14]。

事实上，核电站放射性排放是必须满足硬性指标的。张作义提到："在和正常运行有关的放射性排放上，同样功率的核电厂并不比燃煤电厂高，同时避免了燃烧大量煤炭，排放酸雨、温室气体、粉尘。而放射性废水排放问题可以满足国家法规的要求，也可以提出更高的要求，技术上可以解决。"[15]福岛在没出事之前甚至打算利用核电站排放的温水养鱼[16]。

二、民意波动：核电复苏？

公众是核能的受众群体，他们对核电支持率上升很能说明一些问题。美国盖洛普民意调查（GALLUP）① 显示：2004 年至 2012 年美国每年对核能的民意支持率基本保持在 55%以上，最高时甚至达到了 62%，即使发生了福岛核事故，他们的态度也没有太大的变化[17]。

应当注意到的是：虽然美国是当前运营核电站最多的国家，然而美国人对于核电一直保有较高的支持率并不仅仅出于对美国核科学技术的信任，他们对安全可靠的问题也是相当重视的。据有关报道称，在三里岛事故的前一个星期，好莱坞正上映的一部名为《中国综合征》（*The China Syndrome*）的电影中描述的核事故已经给美国人留下阴影[18]。在之后紧接着发生的三里岛核事故中，虽然并无一人伤亡，也没有造成核电站毁坏，但美国仍然在之后的 30 余年未建一座核电站。可见他们对核安全性的顾虑始终存在，只是随着核科技逐渐发展，其优势也在能源和环境的双重影响下逐渐体现出来，社会的趋利性替他们做了选择。

益索普市场调研公司（Ipsos）② 组织的一场全球民意在线调查显示，18 000 名受访者中支持核能利用的接近半数，约为 45%；而 2011 年福岛事故后一个月的调查结果是，只有 38%的民众支持核能。

以上诸多民调结果，可以用伦敦益普索·莫里调查公司（Ipsos MORI）的研究总监罗伯特·奈特（Robert Knight）的话来概括："毫无疑问，自福岛核事故发生至今，全球民众对核电的态度有了积极的转变。尽管核电行业在全球的发展前景仍不容乐观，但一些国家民众对发展核电所持的乐观态度再次得到了印

① 盖洛普民意调查（GALLUP）公司是美国统计学家乔治·盖洛普（George Gallup）博士于 20 世纪 30 年代创立的全球知名的民意测验公司。盖洛普是抽样调查方法的创始人、民意调查的组织者，他几乎是民意调查活动的代名词。

② 益普索市场研究集团（IPSOS Group，简称 IPSOS）成立于 1975 年，总部设在巴黎，目前为全球最大的个案研究集团之一。

证。”[19]然而，在公众已经开始淡化福岛阴影时，德国为什么仍未改变放弃核能的计划？

原因有三：①绿党为扭转不利选举形势；②德国民众对核电根深蒂固的不信任；③核电站反恐能力不足。

但在德国有近四分之一电量来自核电的情况下，废核的直接结果就是对化石燃料的过度依赖，这是十分不利的，原因有四：①电力成本增加；②环境污染加重；③增加石油进口（主要从俄罗斯）；④向邻国法国买电。

其中第一点会限制国家工业发展，第三点从国家关系讲具有一定的危险性，而第四点就颇具讽刺意味了。法国是核电发电量占国内总电力比例最高的国家，达到80%，德国如果向法国进口就等于仍在用核电。因此，德国的这项宏伟计划能否成功仍是未知数[20]。从德国事例来看，核电至少在目前是无法废止的。

在人们对核问题争论不休的时候，我们还应该注意到一件事——核电问题为何受到如此多的关注？为什么人们对核充满着不信任？莱纳斯的描述有一定道理：“这是一个长达50多年的文化问题。所有有关核的问题都会引起公众的激动和不安，并且公众的反应非常矛盾。人们一方面在接受医学检查时乐于接受大剂量的照射，而另一方面却对核电站放出的微小剂量的核辐射极为恐惧。我认为，人们对于自然环境中以及我们自己身体内普遍存在的本底辐射还不够了解。”而对于人们想要一个“绝对安全”的核电，事实上这是个有些矛盾以及苛刻的要求，用欧阳予的话来说：“能源和发展本身是矛盾的，安全和发展也同样有矛盾。核电厂建得越多，出事故的可能性就越大，但是绝不必过于担忧。”[21]

三、徐銤院士：快堆是原子能时代的重要部分

人类社会在科学的发展中已不知不觉迈入原子能时代，尽管人们对核电充满非议，但也不乏充满信心者。中国是当前在建核电站最多的国家，中国由于在核电运用方面起步较晚，运行的核电反应堆仅有15座，总电功率约为1 200万千瓦，但其崛起之迅

猛颇受世界关注。而福岛事件过后，德国、意大利和瑞士纷纷决定放弃核能源，与之相反，中国政府在最初冻结核项目，并重新审视核能计划后宣布重启核电项目，其依据又是什么？带着这些问题，笔者采访了中国工程院院士、中国核工业集团公司快堆首席专家、中国原子能科学研究院快堆工程部总工程师徐銤。

对于一个拥有十几亿人口、因碳排量高居榜首而饱受诟病的发展中大国来说，能源是无法规避的问题。徐銤认为，在当前能源问题远未解决、其他新能源具有很大的局限性时，快堆无疑是解决能源问题的重要一环，它同时解决了高放废料处理以及可裂变铀资源短缺问题。

对公众反核的态度，结合德国的情况分析，德国民众反核行为已经与绿党政治绑定，绿党抓住了公众对核电的不信任来做文章。徐銤认为，科学文化与绿党政治斗争的牵扯是十分糟糕的。因此，公众在没有彻底了解核能的时候，国家做全局性的决策还是有其必要性的。特别是福岛之后，民众盲目恐慌囤盐，公众出于恐慌心理，说的话都带有添油加醋的成分，这是不理智的，再加上有网络误传甚多。因此，徐銤认为要把人的因素和科技考虑在一起，要找出一个真正的途径来，最重要的是提高公众对核能的了解，让大家了解核能是国家经济发展和人民生活水平不断提高的重要基础，这是一个需要大家共同努力做好的事情。

但另一方面，核能的发展还要视本国国情而定。以法国为例，法国80%的电都来自核电，他们目前的能源供应已经初步饱和，压水堆的数量足够多了，因而对高增殖的商用快堆的发展没有迫切性，但法国正在开发焚烧和嬗变长寿命高放废物的钠冷快堆。德国由于绿党反核而逐步退出核电，目前对俄罗斯的天然气需求进一步增大，同时又向法国购买核电，这对德国来说又何尝不是另一种风险呢？

说到核风险问题，徐銤认为主要还是人为原因和特殊事件的关系。在全球核能漫长的运行历史（总计14 000个堆年）中总共发生的大的核事故只有三次，而这三次的主要因素也是人为因素。福岛又有一定的特殊性，因为日本的自然灾害不是所有的国家都有的，它正好建在地震的断裂带上，再加上在海边发生高强度地震引发海啸的可能性极大。实际上福岛的设计没有把应急的方案考虑好，这又是另外一个人为因素问题。因此，福岛之后的核电会比以前更加安全，这是因为福岛又给了人们一次深刻的教训。徐銤对我国核电做了统计，在2000年到2011年核电运行的106个堆年里，不但没有大事故发生，甚至没有一般的放射性释放事故，并且运行成绩非常良好，负荷因子高达87.16%。可见，堆的运行是可以比较安全的。

"中国制定的核能发展战略方案是从热中子反应堆到快堆再到聚变堆，"徐銤介绍道，"这是一个过程。我国实验快堆的设计和建设在借鉴了诸多国外的经验后，经过自主攻关，从技术原理上讲已经基本掌握，但对安全、可靠和经济的商用堆的设计研究仍需国家经费的支持。"此外，徐銤着重提到要按国家核安全局颁布的法规、导则进行核电站的设计、建造，如遵守"纵深防御"的原则，将事故发生的可能性扼杀在摇篮里。在制造方面，核电站的核设备设计规格具体到各个零部件；在监管方面，多层次管理；在防范方面，一旦人为失误，会触发预警系统，到一定的警戒程度会触发停堆装置；一旦失电，在钠冷快堆还有非能动①事故余热导出系统，保证堆芯安全。纵深防御还体现在对放射性的包壳防护方面。由于98%放射物都在燃料里，因此对燃料泄漏有多层防护，包括燃料包壳、反应堆压力壳和安全壳，杜绝放射性过量泄漏可能。三里岛事故没有过量放射性释放，就是最后安全壳起到了关键性的作用。

最后，徐銤总结道："现在已经进入原子能时代，快堆是原子能发展的重要部分。热中子堆无法满足燃料的问题就限制了它的继续发展，而快堆利用了铀-238，并且可裂变和嬗变高放废物的核素，就把核工业搞干净了，这是一个非常完美的配合。"

---

① 非能动：核电术语，非能动部件即无需依赖外部输入而执行功能的部件。非能动部件内一般没有活动的组成部分，其功能的执行系在感受到某种参数，如压力、温度、流量的变化后完成。基于不可逆动作或变化、又十分可靠的部件，可划为这个类别。如美国AP1000技术即设计有非能动安全系统。来源：《核电厂质量保证安全规定》(1991年7月27日国家核安全局令第1号发布1991年修改)。

核电从最初发展到最新阶段，这个过程有些类似于现代计算机绿化过程更新。该程序要完成的目的有二：一是删除不必要的垃圾程序，即寻求核废料的高效处理办法；二是简化运行步骤以达到提高运作效率的目的，即提高反应堆铀原料的利用率。

科学为核技术编译了一段简单的绿化程序，快堆技术就是这个绿化程序的产物，尽管它无法提供一份完美的答卷。任何事物都不可能是完美的，面对核的问题，关键在于我们对价值的判断和选择标准。关于“核”的争议是一个牵涉到很多可控与不可控因素的问题，就还未平息的福岛事件来看，这仍是个没有确切答案的话题；而对核能的诸多方面有一个较为明确的把握，无疑有助于我们更理智、全面地对待核问题。用著名科学家钱三强的话来总结：“科学是为人类谋幸福。”如何把握核电站今后发展的命运，关键在于其不偏离为人类谋幸福这个主旨。

[参考文献]

[1] Olivia Boyd. Why greens should support nuclear [EB/OL]. http://www.chinadialogue.net/article/show/single/en/4190-Why-greens-should-support-nuclear. 03/29/2011.

[2] 国际原子能组织（IAEA）. 世界核技术报告（Nuclear Technology Review）[R/OL]. http://www.iaea.org/About/Policy/GC/GC56/GC56InfDocuments/English/gc56inf-2_en.pdf，2012.

[3] 王红茹. 核能专家张作义：中国不能没有核电[J]. 中国经济周刊，2012（9）.

[4] Thomas B. Cochran，Harold A. Feiveson，Walt Patterson，Gennadi Pshakin，M. V. Ramana，Mycle Schneider，Tatsujiro Suzuki，Frank von Hippel. Fast Breeder Reactor Programs：History and Status [R/OL]. http://fissilematerials.org/library/rr08.pdf. 02/2010.

[5][7] 米艾尼. 发展核电，安全是第一位的[J]. 瞭望东方周刊，2011（3）.

[6] 陈言. 聚焦福岛核危机：专家称将使世界更重视核电安全[EB/OL]. 瞭望东方周刊，http://news.sina.com.cn/w/sd/2011-03-18/053322136598.shtml，03/2011.

[8] Olivia Boyd. Why greens should support nuclear [EB/OL]. http://

www. chinadialogue. net/article/show/single/en/4190-Why-greens-should-support-nuclear. 03/29/2011.

[9] Lovins, Amory B. Learning From Japans Nuclear Disaster [EB/OL]. 03/18/2011.

[10] Erin Biba. Arts: Swiss Artist Catalogs Mutant Insects [EB/OL]. 04/19/2010.

[11] 田野，王月. 六权威专家联合解答：核辐射十二大疑问 [J]. 今日科苑，2011 (8).

[12] 董书魁，张浩，张智杰，解梅，史杰，付捷，于敏，王欣茹，龙宪连. 某部核辐射作业人员生理指标分析及意义 [J]. 现代检验医学杂志，2007 (3).

[13] 马骥远. 福岛，还成不了"切尔诺贝利" [N/OL]. 深圳新闻网-晶报. http://roll. sohu. com/20110320/n304597017. shtml. 03/20/2011.

[14] Olivia Boyd. Why greens should support nuclear [EB/OL]. http://www. chinadialogue. net/article/show/single/en/4190-Why-greens-should-support-nuclear. 03/29/2011.

[15] 王红茹. 核能专家张作义：中国不能没有核电 [J]. 中国经济周刊，2012 (9).

[16] 卜灵. 日本福岛利用核电站排放的温水养鱼 [J]. 国外核新闻，1996 (1).

[17] Frank Newport. Americans Still Favor Nuclear Power a Year After Fukushima [N/OL]. http://www. gallup. com/poll/153452/Americans-Favor-Nuclear-Power-Year-Fukushima. aspx. 03/26/2012.

[18] 傅凯思，赵莎. 关于核电安全的争议 [J]. 科技导报，2002 (3).

[19] Global Trade Media. New poll shows less than half support nuclear energy [N/OL]. Nclear Engineering International. http://www. neimagazine. com/story. asp? storyCode=2063189. 10/15/2012.

[20] 张军妮. 德国废止核电的背后 [N]. 中国社会科学报，2011-06-09.

[21] Olivia Boyd. Why greens should support nuclear [EB/OL]. http://www. chinadialogue. net/article/show/single/en/4190-Why-greens-should-support-nuclear. 03/29/2011.

科学政治学

个人视野中的科学政治学三项特质

方益昉

我出生在一个素有书香的大家族。自我任职上海交通大学算起，前后共积累了 20 多年的生物医学尖端科研经历，故自以为上对得起祖宗，下对得起自己，好歹没有辱没门庭。比如，截至 2012 年，我的主要生命科学研究论文获得了全球同行 300 多次的他引成绩。按照目前体制内设立的学术评价标准，我的科研成果已属难得，照例说值得自我激励，继续在纯科学研究路径上蜿蜒潜行，就此走完人生而不悔。但是，从 2007 年起，我毅然加盟科学史与科学文化研究，特别醉心于科学政治学的探索。本人出格的学术换栏举动，招徕不少侧目，细究渊源，一言难尽，但下述三个视角，自忖有必要与同仁分享。

一、着眼家族史料，科学追求输于民主滞后

2011 年，正值海内外学者深刻反省中国社会政治变革的百年盛典。上溯 100 年，仁人志士照搬西式政治体制，建立了共和国体。考察 1900 年前后各半个世纪，华夏故国一方面饱受西方坚船利炮的攻击，同时也面临着西方社会科

学技术和民主制度等先进思潮的冲击。也就是说，洋务运动以来的“中体西用”之辩，或者“五四”时期提出的“科学”与“民主”两个关键词，这对一卵双生的现代产物，在中国社会的实际变迁中，一直是各方利益冲突纠纷中的平衡砝码。只要现实政治中对己有利，随时就可以捧一个、甩一个，科学与民主远未获得纯洁生命健康成长所需的公正待遇。其延伸结果是，出生、成长、奋斗在这个时期的一代华夏科技先驱，终有百般抱负，但绝大部分科学救国的理想，最终落空于如何建立民主意识，落实民主制度的政治权争之中。丁文江等科技先驱提出并实践的好人政府，就是这段悲剧往事的最佳注释，悠悠岁月，无情流逝。

近年来，不少国内学者包括华裔学者，在学术层面启动了发掘这一部分科技历史人物的近代中国留学生史研究，幼童留美、庚款留美等主要留学生历史，逐步有了宏观的记录。但这些历史人物毕竟总量有限、规模不大，在此期间，华夏民间自发的规模性海外留学谋生事件，或许才是中国历史变迁中，具有推动性作用的关键因素。比如，与本人外祖父年龄相仿的家族中人，先后就有 6 位男女前辈，几乎同时赴日自费留学，其风头之健，完全不输于今日的出国潮流。但是，即便这桩家族性的求学往事，对我这样一个怀旧成癖的学人而言，也是在历尽探寻家族磨难后才意外发现其历史真相和社会意义的。在上一代人的生存环境中，他们显然刻意通过意识形态清洗，回避与淡化这段具有社会推动作用的历史。由此看来，追踪中国近代留学生史，或者中国第一代科学人才的变迁史，都有可能启动科学史与科学文化研究的新契机。父母的联姻——城西的方家与城南的郑家，以及那座具有 2 000 年历史的浙东富庶小城，不经意间成为我学术研究的第一手素材。

20 世纪 80 年代中叶，正值我大学毕业准备继续研究生学业的那段夏天，祖母审时度势，看中了我这个初长成人的长房长孙。她郑重其事地向我交代一项任务：去政府上访，为祖父平反。照例说，这样一桩关系家族大事的任务，当由父辈承担，可怜这些自懂事起就被视为另类的“红旗下的蛋”，早被政治气候与生存环境吓破了胆，破壳偷生已属不易，哪里还有评理翻案的胆识？祖母虽是家庭妇女，民国初年却上过高小，即类似初中的培训。家乡著名的九峰书院助她小脚放开，从年轻时代起，她追随丈夫走南闯北，襄助军中官府，目光自然胜人一筹，仅从养育 11 个子女健康成长这一项，就可窥见家族奇迹。此刻，我这个尚不知社会深浅的大学生上阵了，那段被刻意回避和掩盖了 30 年的家族历史，在我眼前渐渐展开，细节居然比小说、电影还要丰富精彩。最后，当我将申述状递交上海南市法院的时候，我明显地感觉到，全国名牌大学毕业生和研究生的身份帮我增添了不少印象分。这份出自科技新人的上诉文字，在 80 年代得到相对重视。当然，我精心排列费尽心思从两岸三地亲朋好友处收集来的证据，辅以明白有力的逻辑表述，于情于理，都为殒命铁窗而从未谋面的祖父，尽到了血脉后裔最后的本分责任。申冤走访的效率，比预计的要顺利得多，处于收拾“文革”残局历史阶段的法院也相对清明，最后以中国式的运筹技巧结案，即淡化原判，不搞牵连，恢复直系亲属所有权益。为此，之前获得西式启蒙教育的祖母，以其眼光、魄力和坚韧，告慰丈夫于九泉，自己也得以安度晚年，高寿西去，而我则顺势成为改变数十位父辈下半截人生环境的勇士。

于是，事情一发不可收拾。在家族长辈们聚会期间口耳相传的故事中，外祖父的形象越来越生动起来。我幼年时，母亲作为外祖父留在大陆的唯一幼女，暑假必要回浙江故里省亲，我也得以拜见他老人家几回。在我朦胧记忆中，外祖父就像描述清代故事的黑白影片中长须威严的老者，丝毫没有留给幼童任何亲近的感觉。外祖父毕业于清末杭州的官办两级师范学校工程科目，与青年周树人、沈钧儒历经师生与同事交集。当时的浙江青年，引领时尚风气，纷纷赴日留学，吸收新鲜知识。所以，外祖父的求学经历中又增加了日本明治大学的内容，并且直接介入了同盟会、辛亥革命、地方立宪、军阀纷争等重大历史事件。这些往往与伟人相连的历史，一夜之间进入我的个人生活，有些难以辨别真伪。1987 年，我利用在绍兴县提供生物技术服务的机会，设法通过当时还属保密单位的县档案机构，查到了外祖父在民国初年就任县长的原始记录，并且认真阅读了他利用自身掌握的当时并不多见的工程知识，带领民众治理县域北部，加强杭州湾水域防洪堤坝的规划与重建工程。我当时就想，即便不计工程实效，就以他当时掌握的工程技术与法政知识，废除将童男童女抛掷江海以慰龙王的陈规陋习，外祖父老爷也算是留下了值得记载、纪念的为民主事业绩。一旦通过原始的第三者资料证实了外祖父的学识与政绩传说，我对他的亲近感立即跨越了时空的屏障。此时，他早已驾鹤西去 20 载，重要的是，外祖父的故事直接消除了我辈从记事起，就被不断灌输的对前朝遗老遗少的猥琐烙印。我开始采信往往带有自诩性质的家族故事，这些前辈们一样经历过年轻气盛、富有理想朝气的阶段，他们为家乡和国家奔波，视机奉献满腹经纶，特别是那个年头刚刚学到手头的粗浅和时髦的西方文明知识。外祖父历任浙江省咨议厅议员、浙东数个县令职位，以及交通运输等相当专业的“厅局级”官位。在我曾叔公辅助浙江老乡蒋介石行政，被派赴河南省主事期间，外祖父也作为同乡俊才，应邀出任近代历史上著名的现代化军工企业河南巩县兵工厂上校工程科科长。抗战初期，日寇轰炸机毁灭了中国最后的抗日军用机械基地，老人百念俱灭，卸甲归田，云游道院。

自我与绍兴城内斜桥下沿硝皮弄内陈氏姑娘连理喜结，她家祖父安详长寿、起居有序的生活态度引起了我的注意，但陈氏家人从未提及老人不同寻常的人生经历。直到我从毛脚荣升东床 20 年后，这位当年出身绍兴旧城的青年俊杰只身北赴天津，跟随我国铁路事业开拓者詹天佑前辈学习和管理铁路运行的稀有资料才被我获知。中国留美第一人容闳在其回忆录中，曾以现代眼光这样记载绍兴城：“绍兴城内污秽，不适于卫生，与中国他处相仿佛。城中河道，水黑如墨。以城处于山坳低湿之地，雨水咸潴蓄河内，能流入而不能泄出。故历年堆积，竟无法使之清除。总绍兴城之情形，殆不能名之为城实含垢纳污之大沟渠，为一切微生物繁殖之地耳，故疟疾极多。”[1] 尝试想象一下：这样一个来自与近代西方文明格格不入的衰旧城市，绍兴口音浓重的年轻学子，只身来到杭州获得启蒙，再赴天津加以深造，最后升任东北某个小城的火车站站长。他每天用日语指挥来往车辆，维护车站运营，协调人员交际，从未出过差池。这是百年前一个历经现代科技文明洗礼的南方乡下精英成功北漂的最早版本。他的个人魅力尤其表现在，当日寇强行入侵华北时，他毅然放弃高薪铁碗，回归故里，终老一生，留下了一段现代科技教育下的成功人格范例。

上述这些家族老人不愧为时代精英，他们先国人一步，接受现代科学文化的熏陶，但没有机缘获得自由发挥科技才能的更大空间，在之前中国社会制度秩序畸形发展的过程中，科学发展秩序无法匹配，往往稍有显现，随即迅速消失。环顾现状，我国经济、社会、生活日益复杂化，正面临着市场经济体制建立、全球化进程加速、大众消费社会来临，以及城市化过程加快等叠加状况。这些情况表明，我们所处的时代，是再次呼唤一场社会进步运动的时代。在这种社会格局下，科学技术发展的空间看似巨大，实则正被利益各方所挟持，科技项目的正常运作，科技人员的心无旁骛，都不断呈现出令人担忧的状况。从历史上看，科学技术的发展伴随了中国政治进程与社会生活的发展历史，已经成为与历史整体无法割裂的重要社会构件，科学技术探索与民主制度建设，成了促使我们在史学重构研究中无法回避的多元历史元素的关键两极。1965 年的国际科学史大会上，贝尔纳与麦凯在开幕式上联合发言，开门见山地引述《道德经》："道，可道，非常道；名，可名，非常名。"在贝尔纳看来，早在 2 000 多年前，中国的文化先贤就已经揭示了科学是一门发展中的学科。尽管中国是否存在原生态的科学技术一直是个问题，但我们起码可以认同贝尔纳对老子思想的总体把握，即"过于刻板的定义有使精神实质被阉割的危险"[2]。

二、从黄禹锡到山中伸弥，科学政治学有助判断宏观科技走向

西方世俗生活中，每逢大选、大赛或者大奖，赌盘必定大

热。我若尝试为2012年诺贝尔生物医学奖高赔率筹码，今年也必定赚得盆满钵满，其中绝技，就是学会了运用政治眼光筛选科技精英及其科研项目。事实上，早在5年前，我就白纸黑字公开声称京都大学山中伸弥（Yamanaka Shinya）教授有望获奖，只是没有料到这一天来得这样快。山中教授在得知自己获奖后说："原来我是一个没有名气的研究者，如果没有国家的支援就不可能获奖，这个奖是授予我的国家日本的。"[3]这是一句大实话，并非东方式的礼仪客套。短短几年内，山中教授正是因为得到政府巨额研发资助，诱导性多功能干细胞（iPS细胞）进展异常迅速，政府还指望山中这项研究能带动日本生物医学产业发展，从而整体走上大国之路。

21世纪初，山中教授也属于布什政府严控联邦基金大幅减少干细胞研究后、大量亚裔科技人员返回东亚各国寻找科研机会的海归一族。刚返回大阪市立大学时，山中因为研究条件的巨大落差，几乎患上了忧郁症。2003年，山中偶然得到了日本科学技术振兴会的5亿日元（约600万美元）的资助，促使他在3年后，即2006年，与另一个美国团队，几乎同时分别发表了利用基因片段将成熟细胞逆向转化成iPS细胞的成果。本人在研究黄禹锡（Hwang Woo-Suk）学案中及时发现了山中成果与黄禹锡研究发现的共同趋势，而且就在哈佛大学正式确认黄禹锡所谓作假的干细胞株实质为孤雌繁殖的结果后不久。鉴于当时还没有iPS这个专用名称，笔者特意借用了"鸡尾酒调制多功能干细胞"的称呼。

2007年，日本政府决定5年内给予山中教授70亿日元的财政支援，帮助成功诱导iPS细胞的他到研究条件更好、名气更大，而且诺贝尔奖获得者辈出的京都大学从事研究，推动他正式迈入获奖轨道。2012年宣布山中教授获得本年度诺奖后，日本文部省又决定给予山中教授团队300亿日元（大约3.8亿美元）的财政资助，并主动提供法律顾问，指导、帮助他们将iPS细胞开发的有关技术在美国和欧洲等传统制药地区申请专利保护，日本政府看中了这个应用前景无法估量的发明。

山中教授将荣誉与政府分享部分原因在于：他清楚地知道，当年除了布什政府，世界上许多国家的政府都在全力支持干细胞研究的突破，包括韩国政府全力扶植黄禹锡冲刺诺奖，几乎到了只有一步之遥的地步。山中说：“我在美国有不少共同开展研究的朋友，大家都认为这是一个配得上诺贝尔奖的东西，但是现在还没有到获奖的时候。”[4]但出乎所有科研人员意外，从 iPS 细胞被制造成功到获得诺奖，只过了短短 5 年时间，其速度之快在诺贝尔奖历史上几乎绝无仅有。正像我在《当代东西方科学技术交流中的权益利害与话语争夺——黄禹锡事件的后续发展与定性研究》一文中所得出的结论：西方在争夺生命科学话语权上，利益诉求一致，从未放缓获利行动[5]。上述有关山中伸弥即将取代黄禹锡争夺诺奖的预测，本人通过科学政治学的宏观视野，基于自身对生命科学的研究积累和敏锐眼光，早在 2008 年公开发表的文章中就已经预见，并在被《新华文摘》作为封面推荐并全文转载的上述论文中全面论述。

2005 年，风光了近 10 年的韩国首席科学家、首尔大学教授黄禹锡遭遇了生命中难逃一劫的厄运。作为一名动物胚胎学家，他却在细胞分子生物学研究上，特别是涉及人类疾病相关基因的干细胞克隆领域步步成功，但在最后关头，他被控恶意伪造科研数据，非法获取人体卵子，挪用贪污科研经费。自 1995 年成功克隆出奶牛后，黄禹锡教授一直获得来自政府方面的全力支持。每年掌控数千万美元经费、几百位科技人员，俨然是一位巨型研发机构的总经理。来自政府的无形之手为其冠冕，授予他韩国历史上唯一的“首席科学家”称号，政府动用各种公权资源，不顾一切地全力将其推向诺贝尔科学大奖的红地毯。

其实，危机正向大师与政府逼近。黄禹锡团队和政府方面没有料到，年前就被舆论提及的干细胞科研中存在的卵子征用污点，经过各方发酵，一夜间突变成为科技丑闻，抓住了世界舆论的眼球。面对一边倒的媒体狂轰，黄禹锡的正面不断遭受大众舆论的攻击，但其阵营毕竟没有危机公关经验。此时，作为曾经的国民英雄，黄禹锡的后背也失去了政府的支撑，在前后夹击之下，他逐步丧失了回击之术。黄禹锡背负法律与道德谴责，从国家级科学大师的光环中黯然告退，不得再从事人类干细胞研究项目。短短几十天内，首尔大学、首尔司法机构和韩国政府部门默契配合，快刀斩乱麻，迅速摘走了黄禹锡周围的人造光环，阻止了一场涉及全国支持者和反对派间的示威冲突。最重要的是，政府及时隔离了一场发端于学术事件，事实上正在试图追问政府幕后操纵细节的政治风暴。结局的诡异在于：2009 年 10 月 26 日，首尔中央地方法院在历经 4 年漫长的法律程序后，仅认定被告挪用研究经费和非法买卖卵子两项指控，黄禹锡案一审判决有期徒刑 2 年，缓期 3 年执行，也就是说，黄禹锡被当庭开释。法庭强调，考虑到黄禹锡在科研领域的贡献，暂缓限制其人身自由。黄禹锡的合法科研途径，事实上获得网开一面的待遇。毕竟，远离当年的喧嚣，4 年流失的岁月已经逐步洗清了事实的真相，黄禹锡孤雌繁殖的实验价值已经获得了各国同行的认可。在此期间，各国科学家们在黄禹锡当初尚未认知的实验结果上再接再厉，取得了利用无性技术获取干细胞的技术进步。

值得玩味的是，这次黄禹锡学术事件，成了科学史上少见的、以司法介入而告终的案例，即依赖科学共同体之外的司法话语体系，将科研成果是否作假的学术裁判地位委身于违法罪名是否成立的判决之下，使一个被逐出科学共同体的科学家最终无缘再次重审自己的科研结果。而在过去几十年的科学史和科学哲学研究中，已有建构主义学派的科学社会学研究者发现，相对于科学发展的经典时期，目前在前沿科学的研究过程中，已经不乏由于政界、实业界和出版界的支持或者压力，科学研究改变自己研究项目的内容，从改变项目名称到改变项目程序和关键内容，应有尽有。黄禹锡在韩国转型期间求生存、盼发展，委身于某种势力，借用于某种手段，其实只是现代科技发展中正好被揭示的合理存在的其中一例而已。首尔中央地方法院有意替代学术共同体地位，将曾被视作假冒的黄氏科研成就作为缓刑理由，从而引起公众对其科学价值的认识。法院一改 4 年前雷厉风行的消音措施，同时，政府也设法消除黄禹锡事件的负面影响，探寻生物技术重新出发的契机。

2009 年 4 月底，韩国卫生福利部直属的健康产业政策局主任金刚理（Kim Gang-lip）宣布，全国生物伦理委员会有条件接受查氏医学中心（Cha Medical Centre）申请，从事人类成体干细胞克隆的研究工作。该项决策可以看作是黄禹锡事件后，政府应对干细胞商业领域愈演愈烈的竞争所采取的措施之一。政府提倡治疗性研究工作将在严密的监管下进行技术研发和产业发展，该项目的主持人是李柄千博士，曾为黄禹锡研究团队主要研究人员。至此，由黄禹锡引爆的突发事件，在被韩国政府迅速采取灭火措施后所颁发的关于人体干细胞研究的禁令严厉执行 3 年之后，最终获得政策上的松动。研究工作直接从黄禹锡中断的体细胞核酸转移融合法（Somatic Cell Nuclear Transfer，SCNT）开始，该项工作潜力无限，意义重大。但在韩国被迫停顿了 3 年，从国际领先地位沦落到如今必须从头来过。为此，李柄千团队拥有 200 余位技术精英，政府每年拨款 1 500 万美元研究经费，人体干细胞克隆的治疗性研究被寄予突破性进展的预期。背靠韩国政府的李柄千团队声称，掌握狗克隆技术的首尔大学已向总部设在首尔的 RNL Bio 生物技术公司颁发了克隆许可，由李柄千亲自负责克隆狗项目。克隆狗服务的价格高达 3 万～5 万美元/条，一旦成功投放市场，将给公司带来数百万美元的丰厚回报。由此，黄禹锡、李柄千分别领衔的、目前世界上仅有的成功克隆犬类的两个团队，展开了激烈的专利权内部争夺战。

黄禹锡团队逃离了媒体聚光灯后，一直都在低调地工作着。事实上，他们确实一直受到韩国地方政府和民间资源的各种关照，从 2008 年 8 月开始，韩国京畿道政府与官司缠身的黄禹锡合作，鼓励他的团队不要放弃。投入终究会有回报，2011 年 10 月 17 日，京畿道政府向媒体高调宣布，他们接受了黄禹锡团队赠送的 8 只克隆郊狼。这是黄禹锡团队利用狗的卵子成功异种克隆了 8 只郊狼。当天，黄禹锡博士也罕见地出席了赠送仪式。他在发言中声称，2004 年，他培育出世界上首只克隆狗“斯纳皮”时，尝试了数千次才获成功。现在，他们克隆生物的成功率达到了

50%。韩国最具权威的遗传因子分析中心已经确认，人工克隆郊狼与提供该细胞核的郊狼基因图谱完全匹配。黄禹锡团队接下来将挑战非洲野狗等濒危动物的克隆工作，可见他们在保持世界领先的克隆技术方面信心饱满。

了解黄禹锡事件争议的学术本质，可以从生物学基本概念"孤雌繁殖"（Parthenogenesis）着手。孤雌繁殖也称"孤雌生殖""单性生殖"，一般是指卵子未经受精，直接发育成正常胚胎新个体。目前生物科技已发现自然孤雌生殖和人工孤雌生殖两种方式。孤雌繁殖是一种普遍存在于原始动物种类身上的生殖现象，生物不需要雄性个体，单独的雌性也可以通过复制自身的 DNA 进行繁殖。孤雌繁殖是由生殖细胞而非体细胞完成的繁殖现象，所以有别于无性生殖。把孤雌生殖归类于有性生殖的原因之一，在于这种生殖方式产生的个体多数为单倍体，或者是进行重组之后的 2 倍体，而非无性生殖产生的新个体，其遗传物质和母体完全相同。可见，孤雌繁殖与体细胞克隆的个体是有区别的，后者属于无性生殖，具有和母体完全一致的遗传信息。

黄禹锡事件发酵的原因之一，正是由于当时的学术界尚未意识到体细胞克隆技术中，居然还会出现孤雌繁殖现象。生命体最初是从一个干细胞发育而成，干细胞的万能分化和再生特点使干细胞具有特殊的重要意义。干细胞基因家族可说是生物机体里最重要的基因家族了，因为干细胞具有再生和惊人的分化能力，是很多组织、器官和细胞的根源和起始。当时技术同行、利益团体，甚至团队内部，质疑声一波高过一波。先是指责他违背伦理规范获取妇女卵子，用于克隆研究；最终排山倒海的舆论又一致认定黄禹锡获得的克隆干细胞株缺乏传统识别标记，属于伪造作假。其实，此时的黄禹锡已经站在了将人类干细胞克隆带向孤雌繁殖的关口，而他本人正被各界压力搞得晕头转向。

2007 年，黄禹锡被认定"造假"500 天后，哈佛大学达利（G. Daley）教授的研究团队通过逐一复核黄氏干细胞株，确认它们实属克隆产物。达利团队居然依靠黄氏干细胞一夜功成名就[6]。又过了 100 天，体细胞克隆猴胚胎出笼[7]，"基因鸡尾酒"

诱导的非胚胎型干细胞上桌[8]，在转折性的2007年，有关生命本质的三项突破性成果，全部突破了传统意义上的有性克隆范畴，科研成果被美国和日本科学家尽收囊中。借用斯坦福大学人类胚胎干细胞研究与教育中心主任培勒教授（Renee Reijo Pera）所言（基本代表了科学同行的判断）：当年的“黄禹锡事件”大大影响了细胞核转移研究[9]。其实，如果黄禹锡当时认识并宣布这是一项特殊的孤雌繁殖，他的工作成果将遥遥领先世界同行，这些成果将使黄禹锡博士成为真正的科学大师。

其中，美国和日本科学家组成的两个独立研究团队，分别在11月20日出版的《细胞》（*Cell*）和《科学》（*Science*）上同时宣布，已经找到了一种全新的基因技术，通过将Oct3/4、Sox2、c-Myc和Klf4基因与皮肤细胞经过基因直接重组（Direct Reprogramming）后，可以转化成为具有胚胎干细胞特性的细胞。日本京都大学山中伸弥发现，只需要将4个基因Oct3/4、Sox2、c-Myc和Klf4送入已分化完全的小鼠成纤维细胞，即可以把重新设定变回具分会全能性的类胚胎干细胞“诱导式多能性干细胞”。美国威斯康星大学的汤姆森（James Thomson）研究团队则利用了Oct4、Sox2、Nanog和Lin28这4个基因片断，将人类体细胞重新设定变回干细胞，成为iPS细胞。

上述技术可以将普通的皮肤细胞转换成任何组织细胞。关键是，这项发现解决了以往必须通过破坏胚胎进行干细胞研究的伦理学争议，使得干细胞研究的来源更不受限。但是，新的问题也随之产生，将成熟细胞诱导后向未分化细胞水平发展，其失控的后果与化学和物理致癌如出一辙。这样，公共卫生专家们又将面临新的疾病预防和控制挑战。后来德国马普研究所舒乐教授（Hans R. Schöler）团队发表在《细胞》上的文章把这项工作推向了更进一步，他们只用了一个基因OCT－4就成功地在体细胞中诱导出了多能性干细胞。此刻，黄禹锡已经完全被科学主流所淡忘，只有极少数历史学家和科学思想家，通过科学人文精神的视角，继续孤独地回顾比较东西方干细胞克隆团队的得失与战略。

从2005年底到2011年，全球各地的生物克隆技术与干细胞领域不断制造出生命惊喜，一系列的基础研究成果和临床实验应用，预示了生命科学技术在再生医学领域已经积聚推动重大进展的能量。最新成果有：

2011 年 2 月，美国《血液》（*Blood*）杂志网络版上发表了日本研究人员的最新成果，他们开发出了能够诱导多功能干细胞高效制造造血干细胞的技术[10]。按照这样的思路，未来医生可以利用人为控制的临床技术刺激人体制造大量造血干细胞，从而代替骨髓移植。这项研究由东京都临床医学综合研究所与大阪大学的研究人员共同完成，他们利用实验鼠的 iPS 细胞，首先制作出中胚层细胞，再植入 LhX2 基因，最终生成了大量的造血干细胞。而属于基因片段调控下的干细胞诱导方案，在黄禹锡实验、山中伸弥团队和汤姆森团队的研究成果中，都可以看到这些进展的脉络。

2010 年 5 月，日本国立癌症研究中心研究员石川哲也率领的研究小组，利用人体皮肤和胃细胞在世界上首次成功制造出肝脏干细胞。这种细胞间互相转化的技术，其实都离不开干细胞技术的参与。这项技术的成功意义在于解决了实验用肝脏细胞的来源难题。肝脏细胞难以在体外培养，但他们制造出的这种干细胞可以在体外大量增殖，因此可以用于肝炎病毒研究，推动个性化新药开发。目前治疗肝炎的药物大多有较强的副作用，但在开发替代新药时需要进行肝脏细胞感染病毒的实验，由于某些肝炎病毒只感染人类和黑猩猩，给实验带来相当大的困难。此外，由于肝脏具有解毒功能，这种技术制造的细胞还可用于药物毒性等研究。

利用人体角膜的特殊性，先在组织部位而非器官病变处着手，可能是干细胞临床应用最易和最早获得成功的领域。2009 年 12 月，美国《干细胞》网络版首先发表了英国东北英格兰干细胞研究所弗朗西斯科·菲格雷的研究成果，随后在 2010 年 3 月全文刊出了这项从患者正常角膜提取自身成体干细胞，经实验室培养再植回受损角膜的干细胞治疗方法，该方法使 8 名永久性失明 15～54年的患者恢复了视力[11]。目前只有单眼失明的治疗手术，未来将开展双眼受损患者的治疗。自体干细胞技术不用服药抑制免疫排斥反应，对角膜缘干细胞缺陷（LSCD），即因佩戴隐形眼镜、生病和工业事故导致眼睛受损的患者很有帮助。过去几年，从骨髓里提取干细胞治疗癌症和免疫疾病已经获得临床应用。英国医生 2005 年起就尝试利用人体角膜成体干细胞治疗患者，而不是从动物体内提取的干细胞治疗疾病的干细胞治疗方法。2010 年 11 月，美国食品与药名管理局（FDA）进一步批准使用胚胎干细胞治疗遗传性眼病的临床试验[12]。美国先进细胞技术公司将闲置的试管婴儿胚胎干细胞注入几十名患有斯塔加特氏病（又名“少年型黄斑变性”）的成年病人眼部。患有该遗传性眼部疾病的病人眼睛内的感光视网膜细胞已经损坏，接受治疗的病人有望 6 周内重见光明。首批 3 名病患将被注射 5 万个胚胎干细胞，第二批病患将被注射 10 万个胚胎干细胞，最高注射剂量将达到 20 万个胚胎干细胞。基于老鼠实验已经证明，最低剂量的注射之后，老鼠的视力获得了明显改善，而且没有任何副作用，人体试验或许也能获得成功[13]。胚胎干细胞将彻底改变医学领域的面貌，因为它们能够就地修复受损的身体组织和器官，而不需要进行全器官移植。英国格拉斯哥的一名中风患者成为全球首例接受干细胞注入脑部实验的病患。其注射的干细胞来自流产的胎儿，就再生能力而言，胎儿干细胞的功能没有胚胎干细胞强大。当月，另一家美国公司——杰龙生物技术公司宣布，为 8～10 名因脊柱受伤而导致下半身瘫痪的患者注射 GRNOPC1 细胞，希望能够修复其受损的神经元。2011 年 2 月，英国皇家学会沃尔夫森研究优异奖授予该国斯蒂特教授，鼓励其开展血管干细胞研究，治疗糖尿病性视网膜病变的眼部疾病，促进受损视网膜内的血管修复。

2010 年 5 月，一直坚持民间立场、从事国家体制外基因组研究与应用的美国科学家克雷格·文特尔（J. Craig Venter）博士，将“后基因组时代”的生物技术推进到了历史性的时刻，不仅在科学界，也在哲学界再次引发关注，地球历史上第一个人工合成基因组编码的细胞炮制成功[14][15][16]。

人造生命 Synthia 蕴意合成体的技术路径可参见图 1。这种方法属合成生物学，有别于通过传统遗传工程的克隆技术获得嵌合体细胞的手段。其主要区别在于：Synthia 合成体发端于科学家掌控的电脑 DNA 设计程序，遗传物质由人工合成，其他组分均来自已有的生命形式。科学家在山羊支原体 Mycoplasma Capricolum 细胞空壳内，安放的遗传物质却是依照另一个物种设计的，即蕈状支原体 Mycoplasma mycoides 的基因组人工合成物质，两者融合后产生的人造细胞，在山羊细胞中表现出的却是蕈状支原体的生命特性，成为地球有史以来第一个由人类制造并能够自我复制的新物种。《科学》杂志上的论文标题《创造由化学合成基因组控制的细菌细胞》是科学家们最为严谨的语言表达。体现人造细胞“Synthia”中依照蕈状支原体合成的基因组这段多于 1 000 kb 的 DNA，如果离开了酵母的中间扩展环节，仅靠化学合成，目前还未达到 100％的人造生命阶段，未来尚未确定。

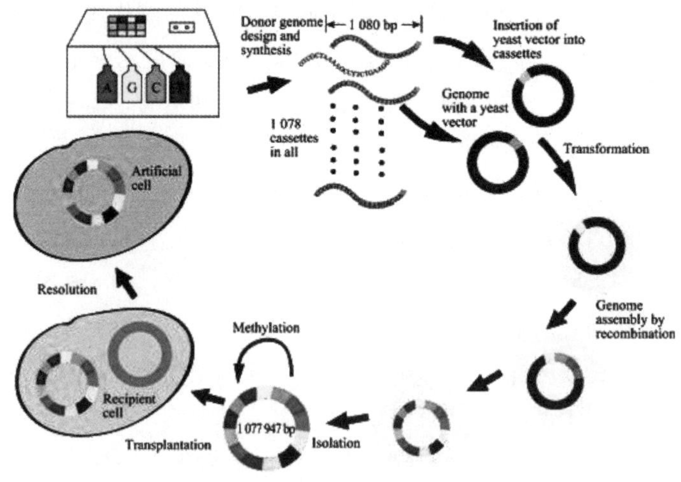

图 1　人造生命合成体 Synthia 的技术实现路径

人造生命的出现并非偶然。早在 20 世纪 60 年代，我国科技人员从合成生物学的角度人工合成了结晶牛胰岛素。此后，王德宝等历时 13 年，于 1981 年 11 月 20 日又完成了合成具有与天然分子相同化学结构和完整生物活性的核糖核酸——酵母丙氨酸转移核糖核酸（Yeast alanine tRNA）。1995 年起，文特尔团队就开始酝酿制造人造细胞，为了便于操作，他们利用原核生物中基因组最小的，也是目前发现的最小、最简单的具有自我繁殖能力的支原体细胞作为研究工具。现在，出现在地球上的 Synthia 合成体，这种生灵在天堂和地狱的花名册上均未曾登记，就连上帝也不相识。设计这种全新生物体，完全依赖系统生物学、生物信息学等基因组核心技术。这门被称为“合成生物学”的学科，综合了生物化学、生物物理和生物信息等技术，利用基因和基因组的基本要素及其组合，旨在发明具有生命活力的生物个体。

合成生物学从事两大类工作：利用非天然的分子再现自然生物体的天然特性，创造人造生命；分离自然生物体中的一部分，将其在非天然机能的生物系统中重构。合成生物学能够设计和构建工程化的生物体系，使其能够处理信息、加工化合物、制造材料、生产能源、提供食物、处理污染等，从而增强人类健康，改善生存环境，以应对人类社会发展所面临的严峻挑战。

鉴于合成生物学的研究已经涵盖了前期的基因工程、克隆技术、转基因科技等最新生物技术手段，可以说，国际科学界对于相关科学伦理的探讨和规范从来就没有停顿过。Synthia 合成体完全颠覆了西方宗教伦理和社会进化伦理。尽管各个利益团体对此各有褒贬，也有对文特尔博士绳之以法的呼吁，但美国法院没有像韩国法院一样，受理任何指控科学家违背伦理的起诉。伦理规范作为有别于科学话语的另一套理论建构，具有伴随文化背景和社会发展的时空变化而与时俱进的性质，成为评价西方伦理学说进步的依据之一。美国国会和政府的最大动作是请文特尔博士出席公开的听证会，当面了解学者下一步的研究计划，予以风险预警，包括探讨合作可能性。韩国生物技术引发的伦理危机，似乎不会在西方学术共同体内爆发。

三、科学史学的致用特质，在商品社会经济中有待发掘

数年前，生活在美国新泽西州的几位大陆留学生分别获得了

博士学位。他们术有专攻、志同道合，决定不再为他人打工，齐心协力凑上辛苦积攒起来的微薄积蓄开设生物技术临床诊断试剂公司，试图在肿瘤早期诊断领域与国际著名大公司的产品一争高低。

这些初生牛犊拿出考博、读博的本领，产品起点高，开局很顺。这样突出的研发效率很快引来行业巨鳄的注意。一封来自大公司的律师函不久便寄达初当老板的几位博士手上，对方相当强硬，要求他们终止产品上市，否则控告侵犯专利权，赔偿天价损失。

在咨询了几位答复模棱两可的白人大牌律师之后，小公司决定聘请与他们文化背景有共鸣的华裔律师，尝试求生方案。同样的人生经历、同样的行业困境，专利法律师和专业科技人员站在了同一条战壕里。律师提供了一个现实的方案，希望这些博士们暂时放下手上的研发工作，全力搜索对方公司主要技术骨干的大学论文、博士课题，任何可能存在过的会议发言、招贴展示，哪怕过去的课堂讨论记录，只要是公开表述的信息，全部不放过。他们的战略是：只要找到对方任何技术人员曾经公开提及过的、与此产品技术相关的蛛丝马迹，均将有益于本案的重心变化。这些年轻的科研人员为生存和荣誉而战，一时转换身份，成为该专业学科历史的发掘者。感谢信息时代的电脑搜索与数据储存技术，功夫不负有心人，当年那些大公司骨干人员做过的不起眼的学生课题和论文被逐一挖掘出来，无辜的被告们一眼就辨识了哪些是对己有用的数据，哪些是可以置对手于死地的证据。这位华裔律师将这些细节整理成法律文件，回函警告对方公司上层，一旦这些曾经公开的技术细节再次公布于众，他们口中所谓的独家专利将自动失效；而展示无效专利背后的技术细节，只会迎来更多的厂家生产类似的产品。利益计算之后，巨鳄向小鱼放下了身段，最后双方达成协议，维持技术秘密，共同分享市场。

当科学遇上历史，研究思维习惯性地转向了故纸堆。科学史好像是专为老学究设立的专业领域，以致研究生报考和毕业前夕，许多人局限了自己的事业方向，择业面越来越窄。其实，科学技术的历史，长的几百年，短则几十年，尤其是新兴学科的历史，5～10年间恐怕就发生了革命性的变化。现代技术的复杂性也是前所未有，学科交叉的性质使得越来越多的专利文号形同虚设。专利申报登记的程序提示我们，只有一旦发生了技术纠纷，所谓专利的真实性和有效性方才有人较真，这就给科学史工作人员提供了研究之外的学问发挥空间。世界著名的环保事务所、医疗纠纷律师所和各种专利事务律师所，均配备了各行各业专门领域的技术检索和整理人才，也就是少了一点学究气质、多了一分市场训练的科学史专业人员。他们与法律专业人员上下配合，在WTO框架下的知识产权范畴和传统专利领域施展才华，获益甚丰。但近年来，中国企业走出国门进入国际市场的战略转型中，不断传来华资企业海外受阻的消息，其中一个重要原因，就是企业巡洋海外的过程中缺少了科学技术专利法队伍的配置与护卫。

在利用一条原木制造一把座椅的经典工艺中，专利保护似乎可以承担技术垄断的功能。但当100种化合物，通过化学反应和生物技术制造出一个终端产品时，过程千变万化，如果有人敢于声称专利垄断，必将有可能将该垄断细节戳穿，这就是21世纪专利技术的软肋，靠的就是敢于在技术历史中扒粪的深度调查建构能力。

2008年9月22日，美国国际贸易委员会（ITC）宣布，经过9天行政法官证据听证会后，英国泰莱集团诉江苏牛塘化工等26个中国甜味剂厂商知识产权侵权案，中方胜诉（案件号337—TA—604）。据本案代理美国华裔董克文执业庭审律师介绍，由于他代理的本案被告美国MTC产业公司和南通化学科技有限公司坚持应诉到底，最后赢得了这个影响极大的337调查结案。中国甜味剂企业没有侵犯英国泰莱集团的知识产权，但那些放弃应诉的同类企业，则被宣判缺席被告败诉。本案成为中国商业部网站上指导国内企业海外发展的经典案例。

所谓337调查，源自美国国际贸易法第337条款，其实只有一句关键内容，即进口产品不能侵犯美国专利保护的产品或制造过程。上述26家中国甜味剂制造进口商被英国泰莱集团起诉的理由是，侵犯了三氯蔗糖5项专利：①Patent Nos. 5，470，969（“the ‘969 patent”）；②Patent Nos. 4，980，463（“the ‘463 patent”）；③Patent Nos. 5，034，551（“the ‘551 patent”）；④Patent Nos. 5，498，709（“the ‘709 patent”）；⑤Patent Nos. 7，049，435（“the ‘435 patent”）。

这些专利号，乍一看甚为唬人，极具科学主义色彩。这些阿拉伯数字代表的含义，就是某技术已被某方所垄断。但是，当我们的律师与专业人员仔细回顾上述甜味剂的生产流程和发明历史后发现，这些专利针对的是甜味剂合成过程中的直接加热工艺。至于中国企业采用的缓慢渐进加热流程，对化学合成的中间产物和终端产品产生的技术影响和质量变化，绝对与直接加热的工艺过程和结果有异，专利侵犯一说难以成立。仅靠所产终端主要结晶是三氯蔗糖甜味剂，绝不是判断该工艺专利侵权的唯一视角。

截至2008年底，中国企业在美发展中，曾受337调查的有10个行业，共计89家企业。由于技术力量，特别是行业技术历史与法律人员的缺乏，大部分企业选择了退出市场竞争。现状说明：美国同行面对的是一个没有狙击手的阵地战，他们只需装备高音喇叭就将市场圈入囊中；反而言之，这块阵地也是留给科学史人才最后的领地，唯有趁法学院科技背景人才不济的当下过渡时期，科学史学科才能抓住专利法律事务的最好机遇。请珍惜这片有助科学史与科学文化学科延伸发展的处女地。

现在看来，仅将科学史划归史学范畴，实在是窄化了学科自身的发展。科学史与科学文化研究者要更大气、更有雄心，目光长远，思维创新，方可使萨顿创立百年的边缘学科再度登上一个学术高度。科学史在社会政局动荡中反馈出来的信息，科学史在宏观科技发展中的战略意义，以及科学史在法务等现实致用特征上的用武之地，都是值得新一代科学史与科学文化研究者探索的领域。基于科技发展、意识形态、话语竞争、学者操守、政府作为、资本野心和文化传媒等外界因子互动联系的科学政治学研究，更是揭示政治平衡艺术、具有广泛拓展空间的极佳样本和学术领域。

[参考文献]

[1] 容闳. 西学东渐记——容纯甫先生自叙 [M]. 广州：新世纪出版社，2001.

[2] [英] 贝尔纳. 科学的社会功能 [M]. 陈体芳，译. 桂林：广西师范大学出版社，2003.

[3] [4] 余天任. 冰眼看世界 2 [M]. 成都：四川人民出版社，2015.

[5] 方益昉，江晓原. 当代东西方科学技术交流中的权益利害与话语争夺——黄禹锡事件的后续发展与定性研究 [J]. 上海交通大学学报（哲学社会科学版），2011，19（2）：35-42.《新华文摘》2011 年第 13 期作为封面文章全文转载。中国人民大学《复印报刊资料——科学与技术哲学分册》2011 年第 7 期，全文复印。

[6] Kim K，Ng K，Rugg-Gunn PJ，Shieh JH，Kirak O，Jaenisch R，Wakayama T，Moore MA，Pedersen RA，Daley GQ. Recombination signatures distinguish embryonic stem cells derived by parthenogenesis and somatic cell nuclear transfer. *Cell Stem Cell*. 2007，1（3）：346-352.

[7] Byrne JA，Pedersen DA，Clepper LL，Nelson M，Sanger WG，Gokhale S，Wolf DP，Mitalipov SM. Producing primate embryonic stem cells by somatic cell nuclear transfer. *Nature*. 2007，450（7169）：497-502.

[8] Takahashi K，Okita K，Nakagawa M，Yamanaka S. Induction of pluripotent stem cells from fibroblast cultures. Nat Protoc. 2007，2（12）：3081-3089.

[9] Alice Park. *Time Science*. 2007-08-02. http：//www. time. com/time/health/article/0，8599，1649163，00. html.

[10] Kenji Kitajima et al. In vitro generation of HSC-like cells from murine ESCs/iPSCs by enforced expression of LIM-homeobox transcription factor Lhx2 Blood online February 22，2011；DOI 10. 1182/blood-2010-07-298596.

[11] Francisco Figueiredo，etc. Successful Clinical Implementation of Corneal Epithelial Stem Cell Therapy for Treatment of Unilateral Limbal Stem Cell Deficiency，*Stem Cells*，2009，28（3）：597-610.

[12] [13] 朱丽华. 干细胞研究进展消息 [J]. 中国细胞生物学学报，2011，33（1）：100-102.

[14] Gibson DG，Glass JI，Lartigue C，Noskov VN，Chuang RY，Algire MA，Benders GA，Montague MG，Ma L，Moodie MM，Merryman C，

Vashee S, Krishnakumar R, Assad-Garcia N, Andrews-Pfannkoch C, Denisova EA, Young L, Qi ZQ, Segall-Shapiro TH, Calvey CH, Parmar PP, Hutchison CA 3rd, Smith HO, Venter JC. Creation of a bacterial cell controlled by a chemically synthesized genome. *Science*, 2010, 329 (5987): 52 - 56.

[15] Venter JC. Genome-sequencing anniversary. The human genome at 10: successes and challenges. *Science*, 2011, 331 (6017): 546 - 547.

[16] 孙明伟，李寅，高福. 从人类基因组到人造生命：克雷格·文特尔领路生命科学 [J]. 生物工程学报，2010，26 (6)：697 - 706.

自然环境

北京观鸟会活动科学传播研究

林　敬（河北大学新闻传播学院传播学硕士）

摘要　本文选取民间组织开展的博物类实践活动中发展最成熟、最具影响力的观鸟活动，以北京观鸟会为微观案例，通过参与观察、深度访谈等多种调查方式收集资料，并采用民族志的写作风格完成。文中对观鸟活动参与者的特点、动机及观鸟前后的收获与变化做了翔实的分析，以期通过对观鸟活动的客观呈现来引起社会各界对博物学知识传播的重视，促进它的传播与发展。

关键词　科学传播；博物学；民间组织；观鸟

一、引言

在中国，博物学的传统源远流长，然而近代以来，受西方科学体系以及价值观的冲击，曾一度引领“科学时尚”的博物学在科学前沿几乎销声匿迹。人类的发展、社会的进步，需要现代科学的推动，但是片面地强调现代科学的发展已使我们感受到人与自然的分裂、科学与人文的分裂，而且现代科学的发展也带来了诸多的问题，如工业污染、资源的衰竭等。这让很多敏感的学者开始了对传统博物学的新一轮关照，以刘华杰、吴国盛、刘兵为首的科学传播界学者在反思传统科普的基础上，提出科学传播应该优先传播新博物学的观点，以给人类带来一种文明的推动，使经济发展、社会进步和人类道德、思想、情感以及自然可持续发展能够高度融合。

事实上，从20世纪90年代末中国大陆环保组织的兴起至今，在一些深具社会责任感的先驱们的推动下，博物学的复兴已在民间悄悄来临。如观鸟活动从无到有，逐渐发展成一项全国性的活动，从其成效便可窥一斑。还有观植物、观星星、登山、乐水行等多种形式的博物学实践活动也正在如火如荼地开展，但这些活动都是继观鸟活动之后才慢慢兴起的，其规模与社会影响力还不能与观鸟活动相媲美。

中国最早在民政部门注册成立的民间环保组织是自然之友，它也是中国大陆第一家组织民间观鸟的团体。2002年12月初，在中国湖南岳阳东洞庭湖国家级保护区成功举办了第一届中国观鸟大赛后，各地方观鸟会相继成立并呈蓬勃发展的态势。直到2007年，全国先后共成立了30个观鸟组织，此时，距中国观鸟活动的发起刚好10年。据初步估算，中国的观鸟人群正逼近10万，几乎遍布全国各地每一个地区[1]。这种起初以保护环境为目标所进行的社会动员活动在中国经历短短十几年的时间便产生了巨大的影响，越来越多的人开始利用闲暇时间走出户外，欣赏花鸟，这样的活动在社会上也已悄然形成一种时尚的生活方式。

让普通市民在活动中体验回归自然的乐趣，接受自然美感的熏陶，同时进行爱鸟护鸟的宣传工作，民间组织在这样一个科学与人文交互融合的科学传播过程中极大地促进了博物学的复兴。

更重要的是，“观鸟”作为一项博物学实践活动，并不单纯是一种知识传播活动，它还是一项涉及情感和价值观再培养的活动。它的参与者从接触到观鸟活动的信息到成长为观鸟圈子里的领袖，不仅实现了从受众到传播者角色的转变，而且其自身的知识框架、人生观与价值观，以及对自然万物的态度都发生了改变。

尽管他们的初衷并非以学习、传播博物知识为出发点，但由于博物学实践活动自身门槛低，又与百姓的日常生活息息相关，所以赢得了众多市民的喜爱，间接地促进了公众科学素养的提升。这也带给科学传播工作者和研究者以启示：在促进博物类科学的传播上民间组织功不可没，并且是最有效的传播途径。

但遗憾的是，由于国内对博物学的研究还很边缘，民间组织在传播博物学知识上的优势还未得到国内学者以及各地方政府的高度重视，致使活动在实际开展中还存在着一系列的问题，阻碍了博物学的传播与发展。

因而本文选取民间组织开展的博物类实践活动中发展最成熟、最具影响力的观鸟活动，以北京观鸟会为微观案例进行深入而具体的研究。这不仅是对科学传播内容的有益探索，而且对丰富科学传播主体有重要意义。

笔者在 2010 年 5 月至 2011 年 5 月这一年中跟随北京观鸟会参加活动，通过参与观察、深度访谈等多种调查方式收集了大量一手资料，并采用民族志的写作风格，将北京观鸟会放到整个北京地区观鸟群体的宏观背景之下，对观鸟活动的日常开展进行了细致的微观描述，进而又从宏观层面对观鸟活动参与者的特点、动机及观鸟前后的收获与变化做了翔实的分析，最后得出结论：博物学传播势在必行。

二、北京观鸟会日常活动分析

(一) 北京地区观鸟组织概况

“观鸟”这个词在英文中是“birding”或者是“bird watching”，它是指在不影响鸟类生存、繁衍等正常生活的前提下，借助望远镜、鸟类图鉴等工具到野外去发现鸟、观察鸟或拍摄鸟的一种户外活动[2]。这项活动最早在英国兴起，当时一些中产阶级妇女以保护鸟类为初衷于 1889 年成立了皇家鸟类保护学会[3]，距今已有 120 多年的历史。中国内地有组织的群众性观鸟活动始于 1996 年，随着民间环保组织的成立而兴起。

北京观鸟会是2004年开始筹备、2007年正式在民政部门注册、挂靠在生物多样性保护协会下面的一个二级观鸟会。它的主要活动有城市绿岛观鸟行、周三课堂、公园定点推广以及京郊和京外观鸟活动；同时承办各种项目，如京燕项目等。

日常观鸟活动以城市绿岛观鸟行为主，即每周六在北京市的各大公园如圆明园、奥林匹克森林公园，由付建平老师带队开展观鸟普及活动；周三课堂也是北京观鸟会的日常活动之一，这是一个面向社会免费开放的观鸟知识讲座，所有对观鸟感兴趣的人都可以参加。现在周三课堂已经开通网上直播，外地鸟友也可以通过中国观鸟网来收看。公园定点推广是施华洛世奇公司（望远镜生产商）赞助北京观鸟会开展的定点宣传活动，至今已举办3年，每年5～10月的每周六上午，在公园以向公众讲解观鸟、发放折页来宣传观鸟活动。通过北京观鸟会举办的北京高校观鸟赛相识而自发组成的以北京高校学生为主的学生圈子（他们自己命名为“学生帮”）成员，作为志愿者是这个活动的主要力量。

由于在中国大陆北京地区观鸟活动起步较早，因此在北京观鸟会2007年正式在民政局注册之时，在自然之友观鸟组和绿家园举办的观鸟活动的影响下，已有一批观鸟爱好者迅速地成长起来。他们中的很多鸟友还是外地鸟会的会员，而且经常参加外地观鸟会的活动。这是一个以观鸟网为阵地聚集起来的、以北京地区较高水平鸟友为主的人际圈子，成员之间平时以QQ群、观鸟网论坛或电话联系，每年有2次集体活动，1次半年会和1次年会。他们有着较好的职业和文化水平，是所谓的“有钱有闲”的一些人。因此，其中大部分人拥有精良的拍鸟设备，利用闲暇时间经常相约或独自去全国各地甚至是国外去观鸟、拍鸟。他们不参加北京观鸟会的日常活动，只是偶尔以周三课堂主讲人的身份受邀参与。

自然之友作为大陆最早在民政部注册成立的民间组织，从1996年起开展观鸟活动至今已培养了众多的观鸟爱好者，包括北京观鸟会的会长付建平。自然之友观鸟组的现任组长李强也是早期由自然之友观鸟组培养起来的观鸟爱好者。自然之友观鸟组作为自然之友的一个子机构，主要参与者与北京观鸟会类似，都是以普通市民为主，当然此处的“普通市民”的概念是与传统中我们所认为的“有钱有闲”的市民相对而言的。在这个意义上也可以说，观鸟活动并不只是“有钱有闲”人的专属活动，它是面向社会免费开放的，并且组织者会尽可能地进行宣传，希望越来越多的人获知活动的信息进而参与进来。

另外，国内科普杂志中运作较为成功的《中国国家地理》杂志会员俱乐部也时常组织观鸟活动和承办鸟类知识讲座；创办于2009年9月的公益网站“自然之心”也不断组织自然课堂和自然观察活动，也为公众参与观鸟活动提供了一条途径；还有一些户外用品公司也会举办一些观鸟活动。

由以上分析可见，北京地区的观鸟群体呈多样化并存状态，它们相互影响，互为传播，共同推动着北京地区观鸟事业的发展，也为北京地区的观鸟爱好者提供了更多的选择。图1是北京地区观鸟群示意图：

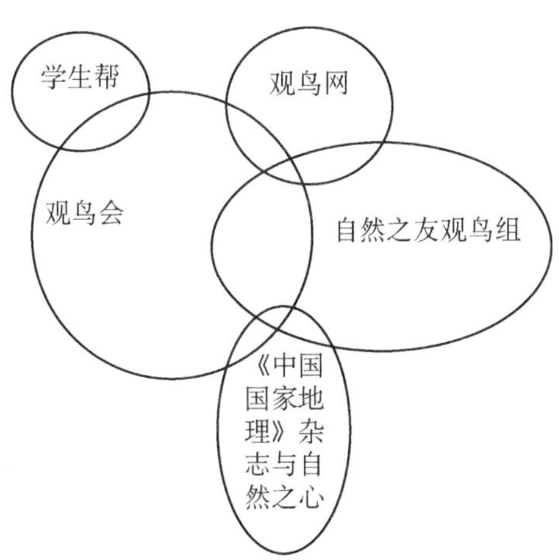

图1　北京地区观鸟群示意图

如图1所示，各观鸟群内成员有交叉。由于《中国国家地理》杂志会员俱乐部以及公益网站“自然之心”举行的观鸟讲座与观鸟活动只是其活动之一，因而在其举办其他活动时便不能组织观鸟活动，加之观鸟活动的举办日期不固定，所以没有固定的观鸟群，但作为大众对观鸟活动的认识渠道还是起到了不可忽视的作用。自然之友观鸟组虽然只是作为实现自然之友理念的一个手段，但由于有固定的观鸟活动，所以与北京观鸟会一样都凝聚了众多的市民参与。自然之友观鸟组与北京观鸟会也是北京地区最有影响力的两家观鸟组织。

值得一提的是，为了更宏观地了解北京观鸟会，北京地区其他观鸟组织或观鸟爱好者自发组织的活动也被纳入本文田野调查的对象范围。以下笔者将试图从和谁观鸟、怎样观鸟、在哪儿观鸟等方面对观鸟传播活动的受众、传播方式、传播内容等逐一做详细分析。

（二）和谁观鸟

1. 初学者选择参加组织活动

北京观鸟会和自然之友观鸟组每周都会在城市公园内开展观鸟活动，并且有老师指点，因此在入门阶段，与组织一起观鸟往往是鸟友的首选，也是初学者不得不做出的选择。例如，在 2010 年 9 月 24 日自然讲堂结束后鸟友单承伟与李强老师有这样一段对话：

单承伟：李老师，“十一”我们有什么观鸟活动吗？

李强：没有，我是想给大家留一个自由支配的空间。

单承伟：可是，自己去我不认识呀！我昨天自己去了趟沙河，鸟挺多，但我只能看出他们长得都不一样，就认识在北戴河认的那几种。[4]

再如，2010 年 7 月 3 日北京观鸟会在圆明园组织活动时，鸟友贺旭说：“这种观鸟效果还行，以前和朋友们出去转悠就是瞎看，一帮人出去只有一个人懂，其他人都不懂，后来我见到他们（北京观鸟会），这才找对人了。”

诸如此类的例子有很多，在此便不一一详述，这说明鸟友尤其是新鸟友，由于自己没有观鸟的经验，发现不了鸟或是发现了鸟不认识，所以更迫切地希望能够与组织一起观鸟。

2. 较成熟受众选择与家人、朋友自由活动

无论是北京观鸟会还是自然之友观鸟组的活动都是在固定日期举行，或是根据鸟况组织北京郊区或京外观鸟活动，有时候因为特殊原因还会取消活动，鸟友的选择在这个意义上讲是被动的，但是有一些观鸟经验的鸟友便会主动地做出选择，他可以跟组织一起观鸟，也可以和家人、朋友、同事一起去观鸟。

例如："夏天看鸟不是什么好季节，一是天热，一是没什么鸟种（指北京市内公园）；但是夏天可以看鸡，我们上周去沙河了，那有小田鸡、红胸田鸡和秧鸡。沙河的这三种鸡，平时不是很容易见到的，但是夏天可以。"[5] 说这段话的鸟友是吉小东，他从2008年7月开始带着儿子吉翔宇观鸟，现在吉翔宇小朋友在观鸟爱好者中已小有威望。

所有的观鸟人都希望有人能来分享自己的观鸟乐趣，当自己感受到观鸟的乐趣后，便愿意让身边的人也来参与。在一次野鸭湖观鸟活动中，笔者问吴晗从什么时候开始观鸟的，她说："我是最近刚被田阳拉下水的，跟他去百望山观鸟是第一次，回来就直接去了动物园，他跟我说，自从我观鸟以后，终于有一个同事可以和他说鸟了。"[6]

3. 成熟受众选择独自活动

并不是所有的人都能够理解观鸟的快乐，也并不是什么时候都能够约到志同道合的人一起去观鸟。因此，一些鸟友会主动或是在不得已的情况下选择自己独自去观鸟。

鸟友主动选择自己观鸟的表述主要有三种：

① 自己观鸟更自由。例如，"我基本上自己来的多。自己来可享受了，不用总是这样赶路，觉得哪好就在哪待着，一会咱们到苗圃那，我一个人能在那待一天。我觉得那就像一个大舞台一样，那些鸟一波一波过来，你不用动，可享受了。"（陆前，40岁左右，老鸟友）。还有拍鸟的人也愿意自己去观鸟，"像我是做摄影的，你到一个地方你能深入下去，比如说到一个区域，我一扎进去觉得三天都拍不够；但对于一般的鸟友来说，半天他就觉得没什么可拍了，所以这个就不可能走到一起了"[7]，鸟友周海翔

的这番话，也体现了拍鸟爱好者共同的心声。

② 希望进步得更快。例如，“你要是想练习就不能总是等着老师，就得自己去看。就是看的机会多了，练习得多了，进步就快点。”（LILI，40 岁左右，2008 年开始观鸟）。

③ 看特定鸟种。例如，在天坛公园观鸟时，鸟友陈老师说，她为了看红嘴蓝鹊晚上怎么归巢，2010 年 6 月经常晚上 7 点多过来看[8]。还有一种是观鸟发烧友，他们往往以积累鸟种数为乐趣，有时候只为看一种鸟，就要专门坐飞机到某个地方。

在不得已的情况下自己观鸟，主要是指居住地与组织举办观鸟活动的地点较远不方便前往时；或是观鸟组织临时因故取消活动时；还有出差、旅游时没有观鸟爱者一同前往，也只能自己观鸟。

通过以上分析可见，受众在起步阶段往往对组织的依赖性很强，并且有与组织一起活动的愿望，但当鸟友成长起来，也就是他们有独立的观鸟能力的时候，他们便会自由地安排自己的观鸟时间，真正将这一爱好主动地转化为日常生活的一部分。

（三）怎样观鸟

观鸟是指在自然环境中利用望远镜等设备观察野生鸟类，并通过对照图鉴，认识它们，了解它们的活动。因此，观鸟活动得以开展需要配备的最基本工具就是一架比较合适的望远镜和一本观鸟图鉴。

1. 热衷程度与望远镜规格成正比

北京观鸟会每次在城市绿岛观鸟行活动中都会为鸟友准备望远镜，但除了新加入的鸟友外，每个人还是会自带一架双筒望远镜。新人在观一段时间鸟后，也会主动询问应该买什么样的望远镜，在哪里可以买到望远镜，希望拥有一架属于自己的望远镜；已经拥有望远镜的鸟友，还会希望或准备购买比现有的这架质量更好一些的望远镜。一般来说，质量与价钱是相关的，质量越好价格越高。2010 年 9 月 4 日在圆明园的观鸟活动中，笔者发放了 15 份调查问卷，收回 14 份，整理如表 1 所示。

表 1　望远镜拥有情况统计表

编号	职业	数量	品牌	价格（元）
1	退休	1	蔡司	6 500
2	博物馆员工	1	徕卡	3 000
3	中石油员工	0		
4	学生	1	Aika	不详
5	药厂员工	1	奥林巴斯	750
6	退休	1	尼康	3 000
7	记者	2	尼康	2 500
			Pentax	1 400
8	企业老板	2	施华洛世奇	10 000
			施华洛世奇	10 000
9	学生	1	博冠	2 500
10	IT 行业白领	0		
11	自由职业者	0		
12	学生	1	奥林巴斯	1 100
13	教师	2	奥林巴斯	1 000
			博冠	2 500
14	学生	1	Minox	1 800

由表 1 可见，拥有价格最高望远镜者都是经济收入较高者。但在调查活动中笔者发现，经济收入较高者并不一定都会购买价格最高的望远镜，也就是经济收入与望远镜质量的好坏没有必然联系，观鸟爱好者只会根据自己对观鸟活动的情感投入来决定配备什么级别的望远镜。对观鸟活动越热衷，使用的望远镜质量就会越好，这会随受众观鸟的程度呈现递增趋势。如表 1 中刚开始观鸟者（3、10、11）没有望远镜；学生 12，2008 年读大一时开始观鸟，原来使用的是花 450 元在网上淘的国产望远镜，这一架是 2010 年 7 月新购买的望远镜。当然，经济收入越高越有助于观鸟爱好者购买优良的望远镜，在这个意义上，经济收入越高，拥有的望远镜质量越好。

2. 图鉴种类匮乏影响受众获知

除了望远镜外，观鸟者还应该有一本图鉴，当看到一些不认识的、不能确定的鸟时，可以按照图鉴去识别。在中国大陆，买一架望远镜并不困难，但在 2000 年以前，买一本图鉴绝非易事，阻碍中国大陆观鸟起步的根本原因也在于一直缺乏一本高质量的鸟类图鉴[9]，仅靠言传身教是很难推动观鸟发展的。2000年英国学者约翰·马敬能和中国学者何芬奇合作，在世界银行、世界自然保护联盟（IUCN）和世界自然基金会（WWF）的资助下，由湖南教育出版社出版了《中国鸟类野外手册》一书[10]，因内容翔实，图版质量好，被奉为观鸟爱好者的宝典。这本书的出版发行，对内地的观鸟活动起到了极大的推动作用。

据观察，这本书也是北京观鸟会与自然之友观鸟组的观鸟爱好者们普遍拥有的一本书。还有一些鸟友会另带一些其他的图鉴，最常见的是北京师范大学赵欣如老师编的《北京鸟类图鉴》，还有一本是自然之友观鸟组编的《北京野鸟图鉴》，这两本图鉴主要介绍的是北京地区常见的鸟类，识别要点、生境等介绍得比较具体，开本较小便于携带，也很受鸟友的欢迎。

另外，首次参加北京观鸟会或自然之友观鸟组观鸟活动的鸟友，还会免费获赠一个《圆明园鸟类调查及公园常见鸟类》折页，里面介绍了在圆明园公园（基本上也是北京市内公园）常见的55种鸟，图片均由常参加活动的观鸟爱好者拍摄。常参加观鸟活动的张雪菊老太太便只有这一本图鉴，她常说："这上面的鸟也不少呢，都认识了也了不得呀。"

与对望远镜在经济上的投入一样，越是热衷于观鸟活动的人，拥有图鉴的种类也越多。但由于中国大陆的鸟类图鉴品种还很匮乏，只有一些有海外关系或是有机会、有能力出国的鸟友才能够买到。北京观鸟会也会在力所能及的情况下为鸟友集体订购一些在中国大陆买不到的图鉴。但由于一些图鉴是全英文说明，或是繁体字说明，而且对鸟名的翻译（鸟的标准命名均为拉丁文）与大陆不太相同，也为一些鸟友的阅读带来了不便，从而影响了受众的获知。

3. 照相机和网络促进受众活动外交流

在调查过程中，笔者发现经常有鸟友在观鸟活动过程中把自己外出游玩、出差，或是去某地观鸟时拍到的图片向大家展示或是请有经验的鸟友帮着辨识。

也有在活动过程中拍摄到瞬间飞过的鸟再进行识别的情况。

例如，在2010年10月23日野鸭湖的活动中，鸟友“香拉八人”拍下了一只瞬间飞过的鹰，将图像放大让我和鸟友“明天”看，他说：“我感觉这是苍鹰，你看它有六根翼指。”笔者说：“是不是看猛禽（猛禽都在高空飞行），都要拍下来再看呀。”明天说：“对，你看兔妖（鸟友网名），都是拍下来再看，连望远镜都不带，他那是500的镜头，背着上山。”[11]鸟友LILI说：“照相还是很重要的，如果没有照片的话，你去问人也描述不出来。”[12]

类似的例子还有很多，在此不一一详细列举。也有些鸟友的相机性能更优良，拍出的照片画质更清晰，就会更倾向于传到网上与大家一起分享。

综上所述，现代科技工具的融入，促进了鸟友之间的交流，同时，网络本身又成为新的传播手段促进着观鸟事业的发展。

4. 指导老师因势利导有助受众理解

在观鸟活动中由于指导老师（即传播者）与受众能够有一个面对面的交流，人际传播的优势也完全地体现在其中，而且指导老师会因势利导，用更形象的语言来描述所看到的鸟，这些都有助于受众的理解、记忆。例如，当我们看到珠颈斑鸠时，鸟友李苞讲道：“你看这珠颈斑鸠，脖子上有许多珍珠一样的点，就像女人带了个围脖”[13]。田阳在形容达乌里寒鸦时说，“乌鸦穿了个白马甲就是达乌里寒鸦。”

在观鸟队伍中指导老师的经验越丰富越能够得到鸟友的尊重，在鸟友们心目中的地位也就越高，这在鸟友们的谈话中即可感受到。例如，2011年9月5日的自然讲堂，当主讲老师说到金胸歌鸲很不常见时，鸟友董老师问：“李强，你见过吗?”李强说：“哇，这没有。”董老师便和一旁边的鸟友介绍说，“这鸟李强都没见过”。从当时的语境看，她的意思是指这鸟很珍稀，因为李强都没有见过，也透露出她对李强水平的赞许。所以，带队老师的水平越高，愿意跟随他观鸟的人也就越多，因此带队老师经验的多寡也是吸引受众的一个重要指标。

(四) 在哪儿观鸟

中国幅员辽阔、地形地貌复杂多样，从海拔 8 848 米的世界最高峰珠穆朗玛峰至世界陆地最低点之一的海平面以下 155 米的吐鲁番盆地，从最北部的永久冻土带至最南端的热带海洋。栖息生境包括高原、湖泊、荒漠、峡谷等，鸟类和所有这些生境相互依存，但每一种鸟仅取这广泛可用之栖息地的一部分[14]，因此，有一些鸟只有在固定的某个区域才会有，这也导致观鸟活动的举办地点呈多样性特点。

1. 活动举办地点丰富

北京观鸟会城市绿岛行观鸟活动没有特殊原因每周六都会举行，并且主要在圆明园和奥森公园举行，在春季天鹅迁徙时还会在颐和园组织观鸟活动；并且每年还会根据鸟况设计一些出行计划，即京郊和京外地区的观鸟活动。如表 2 所示（根据中国观鸟网部分资料制作）。

表 2　2010 年北京观鸟会出行活动计

时间	地点	内容	变化
一月（23 日）	卢沟桥	观冬候鸟	
三月（20 日）	野鸭湖	观冬候鸟	因大雪后地面湿滑泥泞，实际将活动改在 21 日
四月（10 日）	香山	观猛禽	实际改为百望山森林公园
四月（24～25 日）	河北乐亭	观迁徙鸟	实际改为辽宁盘锦双台河口、辽河口湿地观迁徙鸟
五月（2 日）	沙河水库	观迁徙鸟	实际改为 29～30 日在河南董寨观繁殖鸟
六月（15～17 日）	江西婺源	观繁殖鸟	实际因自然灾害、节日消费等原因取消
九月（21 日）	百望山	观猛禽	实际活动改为 22 日，地点为香山望京楼
十月（23 日）	野鸭湖	观迁徙鸟	
十一月（6 日）	密云不老屯	观迁徙鸟	因天气比较温暖，部分越冬水鸟数量不大，实际将活动改到 13 日
十二月（18 日）	十渡	观冬候鸟	

由表2可以看出，观不同的鸟要在不同的季节到不同的地方，这是因为所有鸟类都要选择它自己适合的生境，如树林、湿地、草原等地方栖息、繁衍，因此要到鸟类相应的生境即栖息地中才能找到想看的鸟。经过一段时间观鸟经验的积累后，老鸟友往往能够熟悉地掌握一些鸟的生活习性，即这些鸟喜欢在什么样的环境中栖息，所以在观鸟过程中就会将目光集中到这些生境中来寻找鸟。观鸟者的经验越丰富，判断就会越准确，这也是为什么新鸟友发现不了鸟，而老鸟友却总是能率先发现鸟。

换言之，观鸟者持续一段时间后便会发现，自己不仅增长了鸟类学的知识，还因为了解鸟而了解到许多植物、地理、环境等知识。在休闲娱乐中一本《中国鸟类地理分布图》便在心里扎下了根。

2. 观鸟活动中伴随的其他活动

平时在城市公园的观鸟活动中，指导老师都会带领大家在公园的僻静处沿着固定的观鸟路线，边走边寻找鸟、观看鸟。一般是从早上7点40分开始到中午12点左右结束，在近5个小时的观鸟过程中，有时鸟友们会十分专注地观看鸟，完全融入欣赏鸟的美丽或辨识鸟的讨论中，但这样集中与专注的时间并不长，因为鸟不会长时间停留在一个地方，而且也并不是每一个时刻都有鸟看。这时一些有经验的鸟友便会讲解一些与刚刚看到的这只鸟相关的事情，这些“事情”有时候是应别人的要求做出的解释，有时是鸟友自己主动要给身边的人讲解，有时并没有明确的对象，只是此情景勾起了他曾经在此处观鸟的一些回忆。此外，观鸟队伍中对植物或动物感兴趣或是有所了解的鸟友，也会在没有鸟看的间隙里，主动地为身边的鸟友介绍一下沿途看到的植物或动物。

例如，2010年9月5日在圆明园观鸟时，王世和老师看到水塘里的王莲开花了，便讲道：“王莲的花只开三天，这是刚开的。第一天是白色的，到了晚上它就逐渐变成粉色，第二天会变成红色，第三天它就会沉到水里面变成一个包。”

在去京郊或京外观鸟时会逗留至少两天左右的时间，也就是要在外面的农家乐过夜。夜晚不能观鸟但可以看到围绕在灯光下飞舞的浮游（一种昆虫），运气好的话还可以看到萤火虫。如果同行的鸟友中有天文爱好者，那夜晚观星星必然是一件不可少的活动。例如，2010 年 7 月 4 日学生帮松山观鸟活动中，夜晚在山脚下的农家小院里，笔者和同行的另四位鸟友便在鸟友王川的指导下体会到了夏季星空的美丽，“辨识夏季的星空首先要找到夏季大三角，在夏天的时候，只要是晴天，每天晚上都可以看到这个巨大的三角形。看最亮的那两颗星一颗是牛郎星，一颗是织女星，这样连过去那颗星是天津四星”[15]，然后他用手电筒的光束将三颗星连成一个大三角。

由以上分析可见，观鸟活动并不是一个孤立的活动，自然界是一个相互联系的整体，当受众通过观鸟这样一个途径走进自然后，便会不由自主地关注到自然界中的一切生物，体验到生物多样性的美好，感受到大自然的生命规律，这也是博物学多样性特征的一个重要体现。加之，在博物实践活动中，指导老师能够将生硬的生物知识放到自然界中用通俗的语言，甚至小故事去讲解，因此它比其他形式的传播途径更生动、更具体，更能够调动受众积极思考，从而获得良好的传播效果。

三、科学传播在北京观鸟会活动中的体现

（一）活动信息传播渠道分析

来参加观鸟活动的人首先是获得了这个活动信息的人，那么他是如何知道北京观鸟会有这样一个活动的？这样的问题自然而然地便浮现在脑海，问起来也不会显得特别的唐突，这也是笔者与初次见面的鸟友对话中，首先也是提出最多的一个问题。公众对于这个问题的回答归纳起来，大致可分为以下几类：

1. 城市绿岛行活动

城市绿岛观鸟行活动每次有十几个人参加，而且几乎都带着望远镜，拿着长焦照相机。浩浩荡荡的一行人时常会成为公园游人关注的对象，有些人只是好奇多看几眼，也有的游人会讨论他

们对我们身份的猜测，如“他们是摄影的”之类，也有少数人会直接与鸟友搭讪，问鸟友们在做什么。这时队伍中的鸟友便会告诉他们“我们是在观鸟”，对此感兴趣的人会主动问询如何参加观鸟活动，并愿意下次举办活动时来参加。例如，2010 年 11 月 27 日，郑顺利、王建清、何本慧三人到奥森公园散步看到有观鸟的活动便一直与我们同行，当他们第一次从望远镜中清晰地看到鸟时，都赞叹不已，结束时强烈表示今后要加入观鸟的行列[16]。

2. 公园定点宣传

公园定点推广是北京观鸟会最直接的宣传活动。北京观鸟会 2009 年起在施华洛世奇香港有限公司的资助下，从 4 月至 10 月先后在紫竹院公园、圆明园遗址公园进行了 7 个月的公园定点观鸟活动。2010 年以及 2011 年均是在奥林匹克森林公园（以下简称“奥森公园”）举办。但是宣传效果是否成功，也只是志愿者根据当时游人是否表现出兴趣和志愿者的自我感觉来判断。对于有多少人是通过公园定点推广参加到观鸟活动中的，观鸟会没有统计数据。

3. 他人介绍

从 2010 年 5 月 23 日到 2011 年 5 月 7 日北京观鸟会城市绿岛观鸟行活动共在北京市内公园开展观鸟活动 36 次，有 14 次活动中有新人即第一次参加北京观鸟会活动的鸟友加入，对于他们是如何得知北京观鸟会活动消息的，在中国观鸟网每次的活动记录中有明确或间接的记录，笔者根据其资料整理如表 3 所示。

表 3　新人获取活动信息方式

编号	时间	地点	人物
1	2010 年 5 月 23 日（周日）	圆明园	李明带来了他爱尔兰的朋友 seamus mallon
2	2010 年 5 月 29 日（周六）	奥森公园	胡少亭带女儿胡芳欣，陈岩带女友来参加活动；在李苞推荐下，老北京网和第一视频的 25 位网友手持长枪短炮参加观鸟活动

（续表）

编号	时间	地点	人物
3	2010 年 6 月 14 日（周一）	奥森公园	老北京网的陈女士、秦女士来参加活动
4	2010 年 7 月 3 日（周六）	圆明园	贺旭是在上次圆明园中碰到观鸟队伍后积极加入观鸟活动中来的；郭娴雅是从同事采写的观鸟新闻稿得知观鸟会活动的；郑绍蓬是资助鸟会年会展板制作的公司经理
5	2010 年 8 月 8 日（周日）	圆明园	武张、王玉其两位在网上看到通知后第一次赶来参加活动
6	2010 年 8 月 15 日（周日）	奥森公园	谭春平、杨英炎夫妇通过定点观鸟普及得知观鸟活动；四中学生钱旭带 7 名同学来参加活动；北大附中张之昊带来 1 名同学；付老师带来新同事孔祥宇
7	2010 年 9 月 4 日（周日）	圆明园	许江风通过奥森定点推广得知观鸟活动；上次来过圆明园的武强带来了家人李春玲、王铭楷
8	2010 年 10 月 2 日（周六）	奥森公园	那唐元在比利时就是观鸟人，现在在北京工作，带孩子来观鸟
9	2010 年 10 月 16 日（周六）	奥森公园	人民大学学生张梦娟、刘斌同学在观鸟会查干诺尔项目中接受过观鸟启蒙；陈广通先生有观鸟经验但第一次参加城市绿岛活动；杨月江女士常自己在奥森观鸟，由于这次没有飞信单独通知，这次来到奥森公园参与城市绿岛观鸟行的新鸟友都是从网上看到消息后前来的
10	2010 年 11 月 6 日（周六）	圆明园	在李芭的动员下老北京网的网友心语、听雨漫步、荔枝、布衣亮子、麋鹿来参加活动；东城区科技馆的毕研云老师带 16 个小学生和他们的家长共 30 多人参加了观鸟活动

（续表）

编号	时间	地点	人物
11	2010 年 11 月 27 日（周六）	奥森公园	参加了几次城市绿岛观鸟活动的刘斌、张梦娟，带来他们的朋友木仁
12	2011 年 1 月 2 日（周日）	植物园	韩先生喜欢拍鸟，从网上看到北京观鸟会的观鸟活动记录后加第一次来参加活动
13	2011 年 4 月 23 日（周六）	圆明园	六年级的武悦同学和她的妈妈在网上查到观鸟活动并从年会认识了北京观鸟会后第一次来参加活动；塔娜在西藏游旅途中被陈志强感染加入观鸟活动中；王先生从另一个观鸟团间接知道北京观鸟会的活动
14	2011 年 5 月 7 日（周六）	植物园	张梦带来了父母张连奎、林红和同学

由表 3 可见，新鸟友得知观鸟活动的消息主要有网站、其他观鸟团体活动、公园定点推广等多种途径，但最多的是通过朋友、家人、同学、同事的告知而加入观鸟活动中的。

2010 年 9 月 4 日，笔者在圆明园的观鸟活动中发放了调查问卷。那天参加活动的共有 19 人（不包括笔者），付建平、王玉琦作为指导老师不在调查范围内，崔雅琦小朋友在父母的陪同下参加活动，她的妈妈刘平芳作为家庭代表填写了问卷。因此，共发放调查问卷 15 份，收回 14 份（鸟友“香八拉人”的问卷忘记要回）。这次偶然的调查问卷获得的数据统计显示：通过公园定点推广得知的有 3 人，占总人数的 21.4%；通过他人介绍得知的有 5 人，占总数的 35.7%；通过媒体报道得知的有 1 人，占总人数的 7%；自己看网站通知获知的有 3 人，占总人数的 21.4%；通过其他方式得知的有 2 人，占总人数的 14.3%。这些数据表明，受众获知途径是多元化的，但人际传播是目前观鸟会的参与者中最有效的信息获知途径。

（二）观鸟活动的参与者特征分析

观鸟活动的参与者主要有活动组织者和得知活动信息来参加活动的受众两部分，将他们放到传播学的角度来分析便是指传播者和受众两部分。

1. 传播者与受众角色的转换

观鸟活动的传播者主要是指观鸟活动的组织者，他们不仅是观鸟活动信息的发布者，而且是活动过程中固定的指导老师，但在观鸟活动中除传播者与受众会有一个面对面的交流外，传播者与受众的角色也呈现出新的特点，如表 4 所示。

表 4　观鸟活动传播者情况

组织	负责人	职业	带队时间
北京观鸟会	赵欣如	鸟类研究专家	1997 年在绿家园带市民观鸟，周三课堂的承办人，北京观鸟会主要发起人之一，在环志活动中担任指导老师
	付建平	编辑	1996 年参加自然之友观鸟组活动，在高武老师的指导下开始观鸟，后担任自然之友观鸟组组长，2004 年担任北京观鸟会会长，城市绿岛观鸟行指导老师
	王玉琦	退休	2004 年参加自然之友观鸟组活动，在高武老师的指导下开始观鸟，后与付建平一起担任城市绿岛观鸟行指导老师
	关翔宇	大学生	2007 年参加北京观鸟会活动，在付建平老师的指导下开始观鸟，2011 年开始接替王玉琦老师担任城市绿岛观鸟行指导老师
	田阳	教师	2008 年参加北京观鸟会活动，在付建平老师的指导下开始观鸟，2010 年起担任北京观鸟会外出观鸟活动指导老师
自然之友观鸟组	高武	鸟类研究专家	1996 年在自然之友观鸟组带领市民观鸟，并在自然之友植物组带市民观植物，现年事已高只是偶尔带队
	李强	工程师	2000 年参加自然之友观鸟组的观鸟活动，2004 年担任自然之友观鸟组组长，天坛公园观鸟活动指导老师，并负责自然之友的一些其他工作

（续表）

组织	负责人	职业	带队时间
	要旭冉	某事业单位员工	2008年开始参加自然之友观鸟组活动，在李强老师的指导下开始观鸟，现协助李强老师担任天坛观鸟活动指导老师
	汪周	某事业单位员工	1998年开始参加自然之友观鸟组活动，现担任自然之友圆明园观鸟活动指导老师

由表4可见，只有赵欣如和高武老师是有专业背景的指导老师，其他的传播者如付建平、王玉琦、李强、汪周等指导老师，原来也是观鸟活动中的普通受众，当他们积累了一些观鸟经验又有意愿在组织中做些志愿者的工作时，便成了组织的重要补充力量加入组织者的行列中来，完成受众与传播者角色的转换。

当然，传播者在一定条件下又会成为受众。比如当组织的指导老师带队去外地观鸟时，有时便会请对当地鸟况比较了解的当地鸟友作为指导老师，此时组织的指导老师由于对新环境中的鸟类也不熟悉便会成为受众；有时队伍中的受众可能会对某一种鸟很熟悉而指导老师却不熟悉，受众也会成为“指导老师”的老师，扮演传播者的角色。

由以上分析可见，在观鸟活动中受众不只是被动接受知识的客体，而且他们会主动参与到传播实践中来成为推动传播活动持续或向更高层次发展的主体，受众的能动性在观鸟活动中充分地体现出来。

2. 受众的年龄与职业特征

2010年5月23日至2011年5月7日近一年的时间内，北京观鸟会在市内公园共组织观鸟活动36次，累计参加人数150人。笔者根据田野调查资料及中国观鸟网资料，制作了“观鸟爱好者年龄分布图”，如图2所示。数据虽不是十分精确，但完全可以从宏观角度展示出观鸟爱好者人群的年龄特点。

由图2可见，观鸟爱好者几乎在各个年龄段均有分布，即观鸟活动是一项老少皆可参与的活动；但主要集中在“20～30岁”

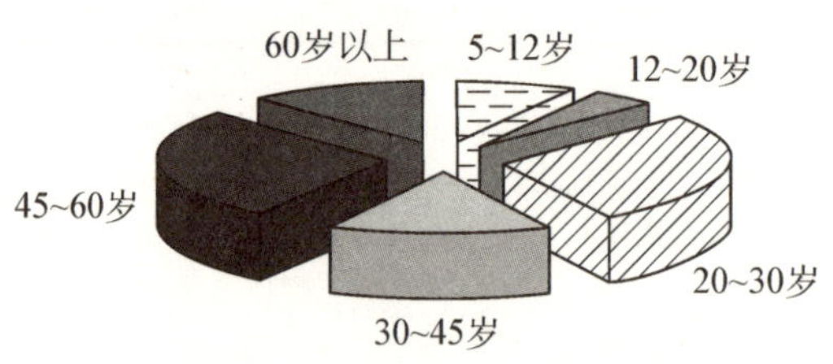

图 2 观鸟爱好者年龄分布

和“45～60 岁”两个年龄段。究其原因，主要是在于这两个年龄阶段的人群，前者多处于在校读书期间，后者在此年龄段家庭、事业都已稳定，因此他们会有更多的闲暇时间来参加活动。

综上所述，观鸟活动对受众的年龄、职业背景均没有限制，即观鸟活动是没有门槛、人人可参与的活动，但收入水平、文化水平、经济能力、休闲时间等附加条件也会成为影响受众参加活动的重要因素。当然，这种客观原因造成的差距可以通过组织的推广方式进行调整，如针对农民工子弟学校开展一些普及教育活动、与企业合作举办一些员工观鸟活动等。

(三) 受众的参与动机

受众的参与动机，即“为何来参加观鸟活动?”也是笔者在田野调查过程中经常会提出的一个问题。受众的回答主要有如下几种：

1. 摄影

在观鸟爱好者的群体中有很多人是先喜欢摄影而后喜欢观鸟的，如鸟友吉小东的儿子吉翔宇小朋友（10 岁左右）便是这样，“开始是他喜欢照相，我说那你拍鸟吧，我就带着他在颐和园照了半年鸳鸯，去年找到自然之友和北京观鸟会，就跟着他们看鸟了”[5]。

当然在喜欢摄影的程度上又可以分为两种：一种摄影爱好者有精良的拍鸟设备，他们往往以拍出优美的鸟类图片为乐趣（这一人群以 30～50 岁的受众居多)；另一种摄影爱好者只是将摄影作为观鸟的附加行为，对拍出的图片质量期望值不高，主要还是以观鸟休闲为主要目的。

2. 工作原因

这部分鸟友主要包括一些生物专业的学生、旅行社职员、科研工作者，还有博物馆工作人员、教师等。

例如，2009 年 5 月 10 日笔者第一次来圆明园观鸟时碰到了一对青年夫妇，妻子在北京旅游局工作，工作内容之一便是组织游客观鸟，因而她想积累一些观鸟的知识。

在活动中笔者还发现北京林业大学的鸟类专家鲍伟东老师也经常来参加活动，问其原因，他说："我是在给市林业局做一个项目，他们人多，人多的话眼睛就多，有点东西（鸟），发现的概率就高一些。"[17]

3. 散步与散心

也指休闲，但休闲是一个很大的范围，如为摄影而观鸟也是一种休闲，即使由于工作原因来观鸟的人也不完全是为工作，只是这项活动有助于工作而已，也可以说是一种休闲。只是受众对观鸟休闲的理解程度与深入程度不同而已。因此，此处笔者所说的休闲指狭义的休闲，主要为便于与热衷于观鸟的爱好者区分开，持这一观点的受众也多以老年人为主。

例如，"我跟着两三年了，也没有记住几种鸟，我就是瞎参加。跟植物组也参加，跟观鸟组也参加，有一个不错的组织跟着溜达就得了。出来看看鸟，有什么烦恼事也忘了，挺好的。"（张雪菊，60 岁左右）[18] "年轻人都渴望记住鸟，以此为荣，高兴，有成就感。我不行，我总是忘，我看见鸟就行，我就高兴。"（董玉珍，67 岁）[19]

除此之外，关于"为何观鸟"受众还有一些不同的说法，这里不再一一列举。

总之，不同年龄阶段、不同职业背景的受众需求也是多元化的，甚至有些情况下与传播者的意图是不相符的。但观鸟活动与其他的传播活动的区别也正在于观鸟活动是一个拥有多层次意义的活动，因此每个人都能够从中获得内心需要的东西，并从中得到乐趣。

（四）观鸟者的前后变化分析

无论受众最初是抱着什么样的期望参与到观鸟活动中的，也无论他们是经常参加活动还是偶尔参加活动，在经过一段观鸟的实践体验之后，他们都能直观地体会到观鸟给他们的生活甚至观念带来的变化。

1. 关于鸟类知识

观鸟首先是一个学习的过程，在公园的草地上、灌丛中、古树枝头，经常跳跃着很多小鸟，但它们大小不同、羽色各异，从哪里着手去认识它们、区分它们，甚至是如何去发现它们，这些鸟类学知识都可以通过指导老师或有经验的鸟友指导逐渐学习到。

但不可能永远有指导老师陪同看鸟，更不可能有老师帮忙鉴别每一种不能确定的鸟。因此，无论对观鸟的热衷程度如何，经过一段时间的启蒙学习后，观鸟者自己都会主动地查阅图鉴和资料，包括回家后将活动当天自己看到的或是同行队伍中别人看到自己没看到的鸟，照着图鉴再翻看一遍或观鸟前对有可能遇到的鸟的相关知识做预习。

在一年的田野调查中，认鸟名就曾是笔者的前期准备工作之一，因为鸟的名字有很多都是生僻字，如果不提前预习在后期录音整理的过程中，听到一些“鸟名”时大脑中就会完全没有概念，而且当鸟友们用简称来称呼鸟时，在图鉴中也无从找起。在活动中笔者发现，有很多鸟友都表示对鸟名感到棘手，尤其是初学者。例如，在天坛观鸟时当某高校老师杨晓翻看李强老师带来的用鸟图制作的台历时说：“怎么有这么多鸟的名字我叫不上来呢，这第一个就不认识，这是大什么呀?”笔者说，“这是大鵟（kuáng）”，然后依次告诉她，“下面这个是大鸨（bǎo），这个是北红尾鸲（qú）”[20]。

类似的例子还有很多，虽然当笔者在问起“观鸟这段时间以来有什么收获”时，鸟友们没有把“认识了很多生字”作为回答内容之一，但通过笔者个人的经历可以得知，如果不是观鸟，很多人可能永远不会接触到这些字。另外，通过参与观鸟活动，一些人们习以为常的错误观念也会得到纠正。例如，2010 年 7 月 3 日在圆明园观鸟时我们看到一只小鸊鷉正在修巢。

笔者：付老师，我看着这窝挺小的，这窝只能它自己用吧？别人不能用吧？

付建平：谁还用呀？没人用呀！

笔者：那小的出来了住哪呀？

付建平：小小鸊鷉是早成鸟，它一出生就可以离开了。这个窝是干什么用呢？这个窝只有孵化的时候用。窝对于所有的鸟来说都只是孵化时用，其他时候不用。

贺旭：您说这鸟它不繁殖的时候就不住窝里了，那它休息时住哪呀？

付建平：小鸊鷉是在水里，鸭子在岸边、灌丛里，林鸟一般都在大树上，总之，窝不是它们睡觉的地方。[4]

另外，因为自然界中的一切都是相互联系的，比如鸟喜欢停留在什么树上，以什么昆虫为食，在什么样的海拔高度才会有这种鸟等，因此观鸟需要储备的知识越多越好、越广越好。有些受众还会随着对观鸟热情的深入，逐渐地扩展到去学习一些植物、动物以及地理、生态方面的知识，在休闲娱乐中不知不觉地便增长了很多知识，而这些知识如果不是因为观鸟可能也不会有意识地去学习。

2. 关于生活方式

在调查过程中，当笔者问到很多鸟友“观鸟之前与观鸟之后生活有什么变化”时，有的鸟友说：“观鸟以后我的眼睛明显有了好转，以前看电视眼睛是花的，里面的人不是太清晰。后来就不花了，我觉得就是观鸟的原因，因为我没干别的。”（董玉珍，67 岁）[19]“以前上三层楼我都觉得累，现在好些了，每周跟着在公园转一圈也是一种锻炼。”（胡老师，60 岁左右）[21]还有的鸟友说，“我学会了摄影”，但大多数鸟友都会直接或是间接地提到观鸟之后生活变得更丰富了。

还有一些“中毒”很深的鸟友，不仅把家人、孩子都培养成鸟迷而且家里的布置也都加入了很多与鸟相关的元素。例如，2010 年 8 月 29 日在去蛐蛐家邮寄《中国鸟类观察》杂志后笔者在调查日志中有这样一段描述：

蛐蛐家是《观察》的仓库。大约 70 平方米的房子吧，呈狭长状，我一眼望过去只能看到厨房还有紧靠两面墙的书架。在没有座位可以坐的时候我在书架前上上下下看了一遍，书名的关键词无不关乎于鸟，生物、植物、昆虫，还有一些英文的书，bird 这个词很醒目。还有一些 CD 盘。再有就是无不关乎于鸟的各种毛绒的、陶瓷的、塑料的玩具，有的一捏还能发出鸟的叫声。还有各种鸟的图章，而且蛐蛐和他老婆还每人穿着一件参加一个关于鸟的研讨会议发的纪念衫。

总之，受众从刚刚接触观鸟活动到陶醉在观鸟的乐趣中，无论在知识层面还是在思维方式上都会有所改变，甚至有些年轻的业余观鸟爱好者会因此选报或转换到相关专业继续到大学深造，从而影响到他人生的走向。无论这些年轻的力量将来从事鸟类学研究，还是到教育机构担任生物教学工作，都势必会为推动这一事业的发展做出更大的贡献。

3. 关于对自然的感受

虽然在调查过程中笔者并没有特别提出有关观鸟与自然之间关系的问题，但在与鸟友们的交谈中可以很清晰地感受到他们对自然之美的感叹。

例如，“看野生的鸟与在动物园里看鸟感觉是不一样的，尤其是看猛禽捕食太爽了，那就是一部活的生物大戏。”（鸟友李苞，奥森公园）[22]“那个金斑鸻，要在海边，你要用肉眼看，它一动金色的，浑身刷刷得特别亮，但是照片它没有那个诱人的效果。”（鸟友王玉琦，圆明园）[23]“那回我在苗圃里看黄雀叼月季花瓣，特别逗，月季花瓣落下来了，它就飞过来叼走一个，再落下来了，它就又过来叼走一个，我在这看着它就叼走了三次，而且它不要别的颜色，只要那个黄的。那个橘黄色特别艳。”（鸟友LILI，天坛）[12]还有鸟友会直接说道：“你看大自然多美呀，这都是上帝给咱们的，上帝给咱们眼睛，给咱们耳朵，就是让咱们来享受的。”（某女鸟友，野鸭湖）[23]

在调查过程中，笔者还发现一些有经验的鸟友，对鸟的判断会以四季作为标准。例如，2010 年 8 月 15 日在奥森公园观鸟时，某新鸟友问，“北京的公园，哪个公园的鸟比较多呀。你们去没去过延庆的野鸭湖呀，那边的鸟怎么样呀。那边水草比较茂盛”。田阳说：“去野鸭湖要等到十月二十几号，晚秋的时候再去。如果像今天的天气这么好，去那基本上北京的雁鸭类都能收了。”[24]

而且当他们感觉鸟的出现与季节不符合时，便会对自己的判断产生怀疑。例如，

BJ008：我那天看到天鹅了，

王宁：这么早就过来呀。

BJ008：我说这个季节也不应该过来呀，怎么也得 11 月份呀，我原以为看错了，他们也都看到了。不是小天鹅，是大天鹅，那脖子很大，个挺高，但没来得及拍下来。[25]

类似的例子还有很多，在此不一一列举。

由此可见，观鸟活动并不是一个简单的知识传播过程，确切地说，应该是一个文化建构的过程，受众在观鸟的过程中，不仅学到了鸟类知识，还间接学到了许多其他生物知识，而且还受自然生命规律的熏陶，阐发出亲近自然、热爱自然的情感。

（五）观鸟活动的意义分析

观鸟不仅是一个有益健康、怡情养性的知识性休闲活动，而且是一个涉及人与人、人与自然、人与社会之间关系再认识的过程。

1. 对个人的意义

在田野调查过程中，笔者曾对有些鸟友在看到鸟后表现出的

异常喜悦表示疑惑。例如，2010 年 11 月 13 日我们在天坛观鸟时，鸟友 LILI 说："我们在云南的时候，我啥也不认识，总是碰到好鸟，李强没见过的，都让我看到了。我们看到了那个黑头鹎，李强就把它当成黄绿鹎了，我说不对不对，你看它的尾巴上有黄有黑，他蹭就蹦起来了。"陈老师笑说："李强要是什么时候突发心肌梗死，就是那鸟刺激的。"然后学着李强的样子说道："哎，鸟，猛禽，快看!!"网友"令狐兔妖"在记述甘肃观鸟之行时，在他的新浪博客里也有这样一段描述：

回想海拔攀到了 4 000 多米以后，第一个倒下的是芳龄尚小的语晴……她颈椎不舒服，精神不振，在车上趴着装死。不过当浑身血红的藏雀和梳着凤头的高山岭雀在鄂拉山口现身的时候，她立刻"诈尸"，跑得不比任何人慢……[26]

类似的例子还有很多，随着调查的深入，笔者也逐渐地认识了一些鸟，当看到期待已久的鸟时也会兴奋良久，而我也说不上来是为什么。鸟友陈晓星说："我没有忘我的工作过，也没有忘我的生活过，但我忘我地观鸟过，当想看的鸟出现在面前的时候，那一刻就是忘我的，钱包掉了都不待捡的，一点都不夸张。因为它只给你几秒钟，所以你会很紧张、很全神贯注地去看，尤其是它出现的那一刹那，你的世界没有了，就剩下看鸟的这一部分。"所以笔者认为，观鸟人的快乐应该就是这种"人与自然和谐相处""物我两忘"毫无功利的简单快乐。

人是自然物的一个组成部分，但是现代化的城市生活导致了人与自然的隔离，当人们通过观鸟这样一个途径重新回到自然中时，人天生所具有的自然属性便会被唤发出来，而且在享受自然美的过程中，还会引起人们对自然的反思，对世界的重新认识。

甚至一些有博物意识的教师还认为，观鸟的过程是一个素质教育的过程。

例如，在北大附中开设博物课的倪一农老师说："人在世界上生存，应该学会用不同的角度去看待世界，用不同的方式和手段去看世界，用不同的方式去理解世界，我们推行博物也不为让学生去参加竞赛，我们就是希望他能通过这种博物课的学习，养成一个终身的爱好。”[27]

2. 对科学的意义

在调查过程中，笔者发现一些鸟友以及指导老师还会在观鸟的同时做些记录，如记下发现的鸟种等。于是笔者随机地选择了几位鸟友进行访谈，经过整理大概有如下几种描述：

①“老师让做，但是我不做。应该做下记录，比如说去年繁殖期看到的鸟，到今年就忘记了，如果做了记录，会知道什么时间段看什么鸟。一般迁徙的鸟是有时间段的。”（董玉珍，经常参加自然之友观鸟活动）[19]

②“要看是什么目的了，比如说付老师她们做的这个是一个长期的鸟类调查活动，最后要交到赵老师那边做一个分析。但作为业余观鸟者来说，要想让自己更专业一点也可以记。像我纯属娱乐就无所谓，反正记总是好的。如果长期记录的话，就是指标的一个样本。比如说，今天啥鸟也没看着，那你就想为什么没看着鸟，是不是温度不合适，是不是湿度过大，或者过于干燥，这些是一个指标；再比如说，今天看了很多鸟，那为什么上周没有鸟，这周鸟这么多呢？是不是当天的天气的原因。”（田阳，北京观鸟会外出观鸟活动指导老师）[28]

③“这个记录长期积累下来，能体现出种群变化。”（要旭冉，自然之友天坛观鸟活动指导老师）[29]

由此可见，无论是出于什么样的目的，在观鸟的过程中做不做记录，观鸟者都会觉得做记录总是有用的，而且有些鸟友还会提到观鸟记录或业余观鸟爱好者对科学的贡献。

据笔者调查发现：现在中国大陆的一些观鸟组织也在有意识地做一些科研项目，在北京地区如北京观鸟会正在做的就有京燕的同步调查、北京湿地鸟类同步调查等多个项目，并且在赵欣如老师的指导下 8 月份、10 月份会在北戴河开展一些环志工作，自然之友观鸟组也在天坛公园和圆明园公园持续开展鸟类多样性调查研究项目。从这个意义上讲，博物实践活动为公众参与科学提供了一条途径。

3. 对社会的意义

在调查过程中，笔者发现有些鸟友竟是从笼养鸟的队伍转到观鸟者的队伍中的，像鸟友红嘴蓝鹊（朱雷）说："我原来就喜欢笼养鸟，后来赵欣如老师知道了，把我叫过去教育了一番，从此我就科学了。"[30]还有王玉琦老师原来也喜欢笼养鸟，现在他二人都已不再笼养鸟，而且成了北京观鸟会的骨干力量。

在调查中笔者还发现，一些鸟友会对破坏鸟类生存环境的现象表示不满。正如陈晓星在周三课堂上所说："因为喜爱才会关心，我们观鸟所以我们喜爱鸟。如果我们看到鸟的家园被破坏了，我们到冬去春来的时候在这个地方再也看不到鸟了，我们就会痛心，所以只有喜爱才会关心，只有关心才会援助，只有援助才会拯救。我觉得观鸟者最后走上环保这条路是非常自然的。"

另外，在观鸟的过程中笔者发现，有很多都是亲子，或夫妻，或全家一起来观鸟。当家庭中的一员发现鸟时便给其他家庭成员描述或指给他们看，这样不仅建立起了家庭成员共同的爱好，还有助于家庭和睦。自己来参加观鸟活动的鸟友也会因此结识一些新的朋友，观鸟的人也都愿意与他人分享自己观鸟的心得与乐趣，这样圈子大了，便有助于人与人的和睦相处。人人观鸟，人人从小事开始爱护环境，不吃鸟、不逮鸟。这种人与人、人与自然和谐相处的社会风气，也是一个社会文明的标志。

四、结论

本文首先将北京观鸟会放到整个北京地区观鸟群体的宏观背景之下，从人类学的角度对观鸟活动的日常开展进行了细致的微观描述，进而又从宏观层面对观鸟活动参与者的特点、动机及观鸟前后的收获与变化做了翔实的分析，得出结论如下：

结论 1：观鸟活动是受众自愿参加的博物学实践活动，在此传播活动过程中受众的能动性能充分地体现出来。

无论哪一个观鸟组织举办的观鸟活动都是免费公开向全社会

开放的，并且会通过各种渠道去做宣传推广，希望能够吸引更多的受众来参与。但只有获得活动信息并且对此有兴趣的受众才会持续来参加活动，因而他们在此传播活动过程中并不是被动接受知识的客体，他们会主动地思考，并积极地查阅资料，向有经验的鸟友请教。当具备独立观鸟的能力后便会将这一爱好转化为日常生活的一部分，并会通过力所能及的方式影响身边的人，成为推动传播活动持续或向更高层次发展的传播者。从这个意义上讲，政府与科学共同体不再是唯一的传播者，社会上的普通大众同样也可以成为科学传播的主体。

结论 2：观鸟活动并不是一个孤立的博物学实践活动，无论是传播内容还是传播方式都体现出多元化的特点。

自然界中的一切生物都是相互联系又多样的，比如自然界中没有两种鸟的生活习性是完全相同的，因此它们会根据各自的特点选择在不同的植被、地理环境中栖息繁衍。受众在观鸟的过程中，随着目击鸟种数的增加，在潜移默化中便会收获许多植物、地理、气候等相关知识。而且在此传播活动过程中，传播者与受众能够有一个面对面的交流，受众的疑惑能够得到及时解答，传播者也能够因势利导，将单一的鸟类知识放到自然界中，通过幽默的语言、肢体神态语言等调动受众的积极性，强化受众的理解、记忆。因此它比其他形式的传播途径更生动、更具体，传播内容更广泛，从而获得的传播效果也最佳。另外，现代科技工具如望远镜、网络、照相机、多媒体放映设备的普及和企业、媒体的介入，在此传播活动中也起着举足轻重的作用。

结论 3：观鸟活动没有年龄、职业、文化背景的限制，是一项人人可参与、拥有多层次意义的活动。

观鸟爱好者中有学生、教师、医生、记者以及大学教授，而且几乎在各个年龄段均有分布，因此可以说观鸟活动是一项没有门槛、老少皆可参与的传播活动。另外，无论参与者的收入水平、文化水平、参与动机如何，他们都能够从此活动中获得内心需要的东西，并从中得到乐趣；而传统科普往往都是针对特定受众进行的，因此不能够涵盖如此广泛的受众群。

结论4：观鸟活动能为公众参与科学提供一条途径。

现代科学本质上是一种精英知识，需要经过长年累月的专业训练才有可能掌握其中的一部分知识，而且这种数理科学一般都需要借助精密仪器来完成实验，从这个意义上来说，它排斥普通公众。而博物学实践活动恰好能在老百姓和尖端科学之间架起桥梁，为人们提供一个参与科学的途径，而且它也是真正与老百姓生活有关系的科学，能提供人们欣赏自然的手段。

结论5：观鸟活动不仅是一个传播知识的过程，而且是一个文化建构的过程。

观鸟活动是一个涉及知识、科学、情感和价值观的博物学实践活动。当人们通过观鸟这样一个途径走进自然中，不仅知识体系变得丰富了，而且在享受自然美的过程中，学会了用宏观的视角来看待自然万物之间的相互联系，并切身体会到生物多样性的美好，受自然生命规律的熏陶，阐发出亲近自然、热爱自然的情感，引起他们对自然的反思、对世界的重新认识，而这也正是我们在这个科学技术迅猛发展的时代重新提倡实践博物科学的意义所在。

综上所述，虽然受本人能力的限制，在资料收集过程中还存在着一些缺陷和不足，但总体来讲，通过以上分析，我们还是可以直观地看到博物学传播实践的优势所在。因此，在此基础上，笔者认为博物科学应该优先传播，并且作为促进博物类科学传播的最有效的途径，民间组织应该被纳入传播主体范围内，社会各界力量应该创造条件支持它的发展，以促进博物科学在更大范围内传播。

[参考文献]

一、文献类

[1] 沈尤. 观鸟产业：人与自然互动的风景 [J]. 森林与人类，2007 (3).

[2] 韩联宪. 中国内地观鸟活动的发展与现状 [J]. 大自然，2008 (5)：24－27.

[3] Stephen Moss. A Bird in the Bush：A Social History of Bird watching [M]. London：Aurum Press，2004.

[9] 孤山．观鸟在中国大陆 [EB/OL]．http：//www．wwfchina．org/bbs/viewthread．php? tid=520286．

[10] 苏豫．当观鸟成为时尚，鸟人如何观鸟 [J]．旅游纵览，2010（4）．

[14] 马敬能，菲利普斯．中国鸟类野外手册 [M]．卢和芬，译．长沙：湖南教育出版社，2000：20－21．

[26] 令狐兔妖．莲花九瓣榛鸡携子，狼毒千丛玉带巡天——八千里记 [EB/OL]．http：//blog．sina．com．cn/s/blog_57d6ca700100jz67．html

二、田野调查资料类

[4] 2010年9月24日，自然讲堂田野调查录音节选，佳能交流中心．

[5] 2010年7月17日，吉小东访谈录音节选，面谈，奥林匹克森林公园．

[6] 2010年10月23日，吴晗访谈录音节选，面谈，北太平桥西．

[7] 2011年9月27日，周海翔访谈录音节选，电话访谈．

[8] 2010年9月11日，自然之友天坛观鸟田野调查录音节选．

[11] 2010年10月23日，"香八拉人"访谈录音节选，面谈，野鸭湖．

[12] 2010年11月13日，LILI访谈录音节选，面谈，天坛．

[13] 2010年6月5日，北京观鸟会奥森观鸟田野调查录音节选．

[15] 2010年7月4日，学生帮松山观鸟田野调查录音节选．

[16] 2010年11月27日，中国观鸟网活动记录．

[17] 2010年8月15日，鲍伟东访谈录音节选，面谈，奥林匹克森林公园．

[18] 2010年7月18日，张雪菊访谈录音节选，面谈，圆明园．

[19] 2010年9月5日，董玉珍访谈录音节选，面谈，圆明园．

[20] 2010年10月30日，自然之友天坛观鸟田野调查录音节选．

[21] 2010年9月23日，圆明园观鸟田野调查录音节选．

[22] 2010年5月29日，李苞访谈录音节选，面谈，奥林匹克森林公园．

[23] 2010年10月23日，野鸭湖观鸟田野调查录音节选．

[24] 2010年8月15日，北京观鸟会奥森观鸟田野调查录音节选．

[25] 2010年9月4日，圆明园观鸟田野调查录音节选．

[27] 2011年9月26日，倪一农访谈录音节选，电话访谈．

[28] 2010年6月5日，田阳访谈录音节选，面谈，圆明园．

[29] 2010年9月11日，要旭访谈录音节选，面谈，天坛．

[30] 2010年6月15日，朱雷访谈节选，QQ访谈．

科学文化图书资讯

科学文化书籍信息（九）

江晓原（上海交通大学）

近期出版的与科学文化有关并且有价值的书籍信息，以及简要述评。每种皆至少为本人曾亲自披阅，有些还曾撰写评论。

《希腊化时代的科学与文化》，（美）乔治·萨顿著，鲁旭东译，大象出版社，2012年5月第1版，定价：145.00元。

本书无疑是科学史的经典著作，这是萨顿宏大的科学史写作计划中的第二卷。这两卷巨著虽然只是萨顿宏大计划中的一部分，他未能完成计划就去世了，但读者切不可将此两卷书以“烂尾工程”视之——如果一定要用造楼比喻的话，那应该说萨顿原是想造七幢高楼的，不幸完工了两幢就去世了——这两卷书本身是结构完整的精心之作。

《尼耳斯·玻尔集》，（丹麦）尼耳斯·玻尔著，戈革译，华东师范大学出版社，2012年6月第1版，定价：1 380.00元（全12卷）。

《尼耳斯·玻尔集》卷帙浩繁，非一般读者所能终卷；内容过于专门和艰深，也非一般读者所能消受。科学界那些“拼搏”在所谓“国际最前沿”的人，估计是不会去看这种书的，因为他们会感到这种书太不切实用。如果将“有用”定义为“发表SCI论文”之类的内容，那几乎可以肯定是没有用的。这部皇皇巨著，是奉献给科学史研究者的一项大功德，同时它本身也是一项科学史的大成果。伟大的学者通常都会思考最基本的、带有终极性质的问题。如果将《尼耳斯·玻尔集》说成是一部“为未来读者准备的书”，虽然听上去有点迂腐，甚至有点文艺腔，其实是可以成立的。

《建构夸克：粒子物理学的社会史》，（美）安德鲁·皮克林著，王文浩译，湖南科学技术出版社，2012年7月第1版，定价：60.00元。

基本粒子原是肉眼无法看见的东西，只能依靠仪器来间接提供它们“存在”的证据。而现在尚在猜测中的“夸克”，要想找到它们“存在”的证据就更玄了。物理学家们是靠什么来断定“夸克”存在的呢？这正是“科学知识社会学”研究的大好题目，而本书作者皮克林，也是研究这个题目非常合适的人选。所以这本初版于1984年的《建构夸克：粒子物理学的社会史》，30年来已有经典之誉。

《异海》，蛇从革著，南海出版公司，2012年7月第1版，定价：32.00元。

作者将类似百慕大三角神秘区域、费城实验、罗布泊实验等组合建构成了一个能够在某种程度上自圆其说的故事。这里面有着某种明显的反差。《异海》是以比较接近于“硬科幻”的风格开场的，这种风格通常都会更亲近当代科学，更远离神秘主义；而那些“传奇”则更多是从血缘和感情上亲近神秘主义的。在传统的语境中，前者更“科学”，后者很“伪科学”。本书的特征之一，就是试图以幻想的故事，将“科学”与“伪科学”熔于一炉。

《学妖与四姨太效应》，田松、刘华杰著，上海交通大学出版社，2012 年 8 月第 1 版，定价：20.00 元。

本来在我们习惯的语境中，“妖”字的意义通常总是负面的，但是当作者将学妖与“麦克斯韦妖”“拉普拉斯妖”联系起来时，“妖”就几乎变成“magic”这样的意思了，“学妖”岂不就是“神奇学人”？事实上，按照刘华杰的定义，今天中国学术界的许多重要人物都可以算学妖。作者在“学妖”这个问题上的这种矛盾状态，似乎是有着某种深层原因的。也许，今天中国的学术界，本来就是有着某种“妖气”或“妖氛”的？

《过度互联——互联网的奇迹与威胁》，（美）威廉姆·戴维德著，李利军译，中信出版社，2012 年 8 月第 1 版，定价：36.00 元。

互联网极大地便利了通讯和社交，却也能加剧经济危机，放大社会动乱。趋利避害是可能的吗？

《电报通信与清末民初的政治变局》，史斌著，中国社会科学出版社，2012 年 8 月第 1 版，定价：39.00 元。

中国的电报业是从西方引入的，而且引入的时间正值中国清朝末年在西方列强的侵略下风雨飘摇之际，这就使得电报在中国的出现，有了远比它在西方开始被应用时更为复杂的背景、过程和影响。在本书中，可以看到许多在今天看来匪夷所思的局面和故事。例如，清朝一面和列强处在斗争甚至战争状态中，一面却不得不从列强那里引进电报技术来为自己的军政指挥系统服务，而且各级电报局中普遍雇佣“洋员”——来自西方各国的电报技师。如果从今天的“保密”角度来看，这样的局面是根本不可想象的。

《达尔文爱你——自然选择与世界的返魅》，（美）乔治·莱文著，熊姣等译，上海科技教育出版社，2012 年 10 月第 1 版，定价：42.00 元。

这是一本相当暧昧的书。简单地说：科学理性是“祛魅”的，因为科学对世界的解释使得世界不再具有神秘性。在传统的科学主义语境中，给世界祛魅本来是好事，但在本书作者笔下却似乎并非如此，因为“祛魅”会消解“价值”和“意义”。所以，“返魅”就是还世界以价值和意义，“赋魅”当然就是赋予世界以价值和意义。作者试图让读者相信，达尔文学说是具有“赋魅”能力的。

《删除——大数据取舍之道》，（英）维克托·迈尔-舍恩伯格著，袁杰译，浙江人民出版社，2013 年 1 月第 1 版，定价：49.90 元。

《删除》提出了一个全新的问题——在计算机、互联网、摄像头、全球定位系统、超大容量记忆芯片等技术高度集成的今天，我们在“记忆/遗忘”问题上所面临的局面已经完全改变！从今以后，你希望别人遗忘的事情别人不会遗忘了；你希望自己遗忘的事情自己也忘不了了。这将是一个可怕的未来。

《美国军队及其战争》，（美）詹姆斯·M. 莫里斯著，符金宇译，世界图书出版公司，2013 年 2 月第 1 版，定价：49.80 元。

美国军队之所以强大，最重要的原因是：它一直处在战争实践中。

《科学碰撞“性”》，（美）玛丽·罗琦著，何静芝等译，湖南科学技术出版社，2013 年 6 月第 1 版，定价：35.00 元。

在比较老派的文人那里，学术话题可以八卦写法，八卦话题则用学术写法。在许多中国人看来，性这个话题属于高度敏感、高度八卦，所以通常要用严肃的话语和文笔来谈论它。现在他们看到这本《科学碰撞“性”》，顿生“惊艳”之感——因为它八卦话题还用八卦写法，几乎是“虚还虚之，实更实之”，总之是变本加厉、肆无忌惮。本书作者是一位中年女士，洋阿姨就是大胆，谈论性这样的话题，还敢用如此“放荡”的文笔。

《反对完美——科技与人性的正义之战》，（美）迈克尔·桑德尔著，黄慧慧译，中信出版社，2013年6月第1版，定价：36.00元。

《反对完美》中所讨论的问题，绝大部分人都还没有注意到。它们实际上和桑德尔长期关注的“公正”问题有着内在联系。我们可以将此书中所讨论的问题视为“公正”问题的延伸——尽管这种延伸最终可能将我们引导到桑德尔未必打算到达的深度。桑德尔在本书中所讨论的基因歧视问题，他所关心的“正义之战”，已经迫在眉睫，甚至已经爆发了。

《未来：改变全球的六大驱动力》，（美）阿尔·戈尔著，冯洁音等译，上海译文出版社，2013年7月第1版，定价：68.00元。

这本书有时会被人误认为是“未来学”的书，其实不是。本书主要是戈尔对当前世界状况的分析，当然也包括他对未来的一些展望。戈尔在本书中，立场正大，持论平和；而且他能够脱开美国一国之私，尝试用某种“世界公民”的眼光来看世界，这一点更为难得。本书延续了戈尔对环境和资源问题的一贯关注，但和他以前的《难以忽视的真相》和《我们的选择——气候危机的解决方案》两书相比，《未来》减少了“布道”色彩，更多了理性和多元的观念。所以对于国内政、商、学三界的人士来说，本书都值得一读。

《无畏之海——第一次世界大战海战全史》，章骞著，山东画报出版社，2013年7月第1版，定价：120.00元。

本书资料丰富，写作用心，是军迷和军事史学者都会喜欢的著作。

《孟山都眼中的世界——转基因神话及其破产》，（法）玛丽-莫尼克·罗宾著，吴燕译，上海交通大学出版社，2013年8月第1版，定价：55.00元。

当孟山都公司的走卒们极力诋毁《孟山都眼中的世界》的作

者玛丽-莫尼克·罗宾时，连美国前副总统戈尔也对孟山都公司的所作所为看不下去了。本书有同名电视纪录片，该片自 2008 年 3 月在法、德联播的欧洲文化电视台播出后，在世界各地引起了广泛反响，很快在互联网上传播开来，我两年前看了这部纪录片。当然，纪录片能够容纳的内容，远远比不上本书丰富。本书中的许多内容，在国内关于转基因食品的争议中，是公众很少注意到的。这一点突显了本书的重要价值。

《反思科学讲演录》，吴国盛著，湖南科学技术出版社，2013 年 9 月第 1 版，定价：48.00 元。

以前我们都相当熟悉“哲学指导科学”的说法，在许多仍然陷溺在科学主义思想泥潭中的人看来，这句话是如此的可笑，甚至可恶。哲学本来在中国的声誉就不大好，科学在中国的声誉又好过了头，哲学还能指导科学？哲学能跟在科学屁股后面拾一点牙慧就不错啦！尽管从根子上说科学本身就有着哲学的血脉，但如今科学早已告别了纯真年代，就不把哲学放在眼里了。现在吴国盛教授自告奋勇，要来给科学充当哲学保姆。这个保姆苦心孤诣，收在本书中的八篇讲演篇篇都是一片婆心，想帮助大家认识到科学已经告别了它的纯真年代。吴教授又仿佛是召开家长会的班主任，推心置腹地告诉家长：你家孩子聪明是非常聪明，但现在已经开始学坏了……

《天空的孩子》（科幻小说），（美）弗诺·文奇著，朱佳文译，四川科学技术出版社，2013 年 9 月第 1 版，定价：59.00 元。

《天渊》《深渊上的火》《天空的孩子》构成三部曲，科幻中的史诗作品，中译本共计 2 200 余页。

《无限的清单》，（意）翁贝托·艾柯编著，彭淮栋译，中央编译出版社，2013 年 10 月第 1 版，定价：198.00 元。

这本奇书的要旨，用大白话说出来，其实就是两点：第一，在文学和艺术中，“拉清单”都是一种常见的表现手法——包括

“有限清单”和“无限清单”；第二，世间任何文学或艺术作品的篇幅总是有限的，为了在有限的篇幅中表现清单的无限性，需要采用各种手法。这些手法归纳起来，用艾柯的话来说，就是“依违于‘无所不包’和‘不及备载’之间”。

《夏日的世界——恩赐的季节》，（美）贝思德·海因里希著，朱方等译，上海科技教育出版社，2013 年 11 月第 1 版，定价：40.00 元。

博物学家的著作，有趣的知识，清新的文笔，还有好玩的插图。

《我们》，（苏联）叶甫盖尼·扎米亚京著，范国恩译，译林出版社，2013 年 12 月第 1 版，定价：28.00 元。又，殷杲译，江苏人民出版社，2005 年 10 月第 1 版，定价：18.00 元。

《我们》被人们奉为“反乌托邦经典三部曲”（《我们》《一九八四》和《美丽新世界》）中的第一部。书中非常有趣的一点是，美女 I－330 对男主人公的启蒙和唤醒。这是现代许多西方科幻作品中经常出现的桥段，革命经常是在美女的“挑唆”下发生的。简单地说是这样：在反乌托邦世界，人人被洗脑，表面看是“理性”占统治地位的；要打破洗脑成效，就要诉诸“非理性”。而“非理性”最深的藏身之处，首先就在男女性爱，其次在美的震撼。而一个反叛的美女，性爱加上美感，对集权社会而言当然就具有双重危险，所以美女是一种革命力量。

《量子、猫与罗曼史——薛定谔传》，（英）约翰·格里宾著，匡志强译，上海科技教育出版社，2013 年 12 月第 1 版，定价：40.00 元。

史上最有名的猫大约就是那只和薛定谔的名字联系在一起的猫。文科学人想理解量子力学，往往需要和这只猫打交道。

《地狱》，（美）丹·布朗著，路旦俊等译，人民文学出版社，

2013年12月第1版，定价：39.00元。

《地狱》的故事框架其实是“纯科幻”的：一个生物遗传学方面的狂热天才佐布里斯特，认为现今人类世界许许多多问题的总根源是人口过剩，遂高调招募信徒，要用生物学手段来解决这一问题。因为人们推测他的“生物学手段”很可能意味着大规模人口死亡，他当然被视为潜在的恐怖分子，受到联合国有关部门的严密监控。不料佐布里斯特棋高一着，最终还是成功实施了他的计划。

《中国音乐思想史五讲》，罗艺峰著，上海音乐学院出版社，2013年12月第1版，定价：65.00元。

在中国古代，音乐和政治、教化、宗教、天文等方面的关系，比和艺术的关系还要紧密。

《傅科摆》，（意）翁贝托·埃科著，郭世琮译，上海译文出版社，2014年1月第1版，定价：69.00元。

从科学文化的角度来看，《傅科摆》最吸引人的，是它利用故事对历史的建构性质的生动展示。历史可以被建构成一个又一个不同的版本，谁能辨别出这些版本中哪个是历史的真相呢？更可能任何一个都不是历史的真相。比起《傅科摆》中的展示，胡适当年“历史是任人打扮的小姑娘”的名言，就显得非常保守而且苍白了——小姑娘再怎么打扮毕竟还是小姑娘，而在埃科笔下，恐怕可以是女神或魔鬼。

《未来考古学——乌托邦欲望和其他科幻小说》，（美）弗雷德里克·詹姆逊著，吴静译，译林出版社，2014年4月第1版，定价：58.00元。

这是文化理论家值得关注的科幻小说研究成果，乌托邦这个已经退化的纲领并未完全丧失活力。

《性史1926》，张竞生著，世界图书出版公司，2014年2月第

1版，定价：68.00元。

这是一本永远和张竞生的名字联系一起的、充满争议的、导致张竞生本人“身败名裂”的书。

《警惕科学》，田松著，上海科学技术文献出版社，2014年3月第1版，定价：28.00元。

作者认为，“科学技术的负面效应不是偶然的，而是必然的；不是暂时的，而是长期的；不是局部性的，而是全局性的；不是可以避免、可以解决的，而是内在于工业文明的”。而“警惕科学！警惕科学家!”这个口号具有强烈的思想冲击力。田松直指要害，摘得“金句”，是因为他在思想上比其他反科学主义思想者走得更远之故。

《一平方英寸的寂静》，（美）戈登·汉普顿、约翰·葛洛斯曼著，陈雅云译，商务印书馆，2014年4月第1版，定价：63.00元。

此书堪称中国书业2014年的黑马，出人意料地获得了诸多奖项。作者从“寂静”入手，强调对环境的保护。作者认为，如今的世界，“寂静就像濒临灭绝的物种”，因为噪音对这个世界的入侵是全面的、无孔不入的。作者书中一直使用的“寂静”一词原文是“silence”，这个词通常都是指人类的行为，比如“沉默”“无语”等，甚至可以用来指“失联”“人间蒸发”，总之其行为主体通常都是人类。现在作者却偏偏用来指称人类之外的一切行为主体，反而将人类排斥在外，是因为作者持有某种较为极端的环保理念。

《斯诺登档案》，（英）卢克·哈丁著，何星等译，金城出版社，2014年5月第1版，定价：35.00元。

本书卷首有《卫报》总编的序，其中提到了乔治·奥威尔的反乌托邦经典小说《一九八四》，说美国如今在监控方面的行为“恐怕连《一九八四》一书的作者乔治·奥威尔都会为之瞠目”。

当年奥威尔是以苏联的社会监控为蓝本建构反乌托邦未来社会的，他的建构一直被西方用作资本主义制度优于社会主义制度的证据。谁想到如今资本主义社会的老大自己变成了奥威尔反乌托邦的实践者——看来《一九八四》中的“老大哥”已经移居美国了。

《气候创造历史》，（瑞士）许靖华著，甘锡安译，三联书店，2014年5月第1版，定价：36.00元。

将全球变暖问题视为一个“科学问题”显然是不妥的，这只是一个与科学有关的问题——科学只是讨论这一问题时所用到的诸种工具之一，而且现有的科学知识和工具还无法对这一问题提供明确的答案。更不用说“全球变暖”这个学说背后还有更为复杂的商业和集团利益背景。例如，许靖华给出了这样的线索：核电集团热衷于鼓吹全球变暖，因为按照全球变暖学说，烧煤或烧油的传统火力发电就会成为工业碳排放的大罪人，而核电就可以顺理成章地取代火力发电而得到大发展。而在与西方核电集团打过几次交道后，许靖华写道：“我学到了一件事：关系到获利时，核能产业是没有道德观念的。”

《败在海上——中国古代海战图解读》，梁二平著，三联书店，2014年6月第1版，定价：148.00元。

值此全民海洋意识空前增强之际，此书推波助澜，思往事，望来者。

《守夜人》《守日人》《黄昏使者》《最后的守护人》《新守护人》，（俄）谢尔盖·卢基扬年科著，于国畔等译，上海文艺出版社，2014年6月第1版，定价：199.50元（全五册）。

俄罗斯科幻文学之父的系列科幻小说，前两部已改编为同名电影。科幻、魔幻、玄幻的界限在卢氏的小说中已经消失。

《檀岛花事——夏威夷植物日记》，刘华杰著，中国科学技术出版社，2014 年 7 月第 1 版，定价：258.00 元（全三册）。

以往一些西方学者到中国来，自觉或不自觉地为了他们帝国的扩张而工作。他们的这类工作有些对于中国而言确实也有“筚路蓝缕”开创之功，有些工作甚至是奠基性的。而从西方学成归来的中国第一代现代植物学、地质学、人类学学者，他们的工作似乎天然地局限于中国本土。在这样的历史背景下，《檀岛花事》显现出非常引人注目的特点——这是中国学者在域外进行的“一阶”植物学工作。它很可能是中国人首次对国土之外的地区进行的植物学工作。

《我的简史》，（英）史蒂芬·霍金著，吴忠超译，湖南科学技术出版社，2014 年 7 月第 1 版，定价：42.00 元。

这部霍金的简短自传，中译本估计实际字数也就 5 万多一点。不过书中有趣的内容倒也不少。比如霍金少年时英国学校之间的等级和学生之间的激烈竞争。霍金的父亲是个没有权势的平民，但他想尽办法要让霍金进好学校，这些情形和今天中国的情况简直如出一辙。这也印证了我关于“发达国家都会变成学历社会”的猜想。又如霍金对发妻还是表达了感激之情，但将他和发妻的离异归咎于妻子担心他会死掉所以要事先另觅良人，而在霍金顽强地生存下来之后，发妻和她觅到的良人之间却发展到红杏出墙的地步——尽管霍金没有使用这个措辞。

《1453——君士坦丁堡的陷落》，（英）斯蒂文·朗西曼著，马千译，北京时代华文书局，2014 年 8 月第 1 版，定价：59.00 元。

传奇学者写传奇故事：拜占庭千年帝国的首都终于被奥斯曼土耳其大军攻陷，世界历史进入一个新时代。

《永恒的终结》，（美）艾萨克·阿西莫夫著，崔正男译，江苏文艺出版社，2014 年 9 月第 1 版，定价：32.00 元。

人类掌握了时空旅行能力之后，决定回到过去改变历史，但世上能有这样好的事吗？

《21世纪资本论》，（法）托马斯·皮凯蒂著，巴曙松等译，中信出版社，2014年9月第1版，定价：限量尊享，不得销售。

一本炙手可热、长期预热过的热书，不过热不是拒绝读它的理由。

《性爱大师》，（美）托马斯·梅尔著，王毓琳等译，上海译文出版社，2014年10月第1版，定价：39.00元。

致力于研究美国人性行为的一对拍档和夫妇，他们的贡献和传奇故事，热播同名电视剧即据此拍摄。

《悖论：破解科学史上最复杂的9大谜团》，（英）吉姆·艾尔-哈利利著，戴凡惟译，中国青年出版社，2014年10月第1版，定价：39.00元。

本书所选的九大悖论确实是科学史上响当当的著名悖论，研究这些悖论可以将读者引导到非常深刻的思想境界中。

《剑桥科学史》（第五卷），（美）玛丽·乔·奈主编，刘兵等主译，大象出版社，2014年12月第1版，定价：280.00元。

本卷论述的时间范围，大体在18世纪末到20世纪上半叶。在我的认识中，这个年代的科学可以认为大体尚在纯真年代——最简单朴素的标准，就是科学尚未像如今这样爱钱。这一卷分成6个部分，凡33章，分别出自37位西方学者之手。对于这种成于众手的编撰方式，一些学者不无微词，但考虑到这样一部多学科、跨专业的科学通史巨著，这也是无可奈何之事了。

《科学圣徒——J. D. 贝尔纳传》，（英）安德鲁·布朗著，潜伟等译，上海辞书出版社，2014年12月第1版，定价：118.00元（全两册）。

贝尔纳生于1901年，那个时代的英国知识青年中，有一个大大的时髦——正如作者在中文版序中所说的，“就像许多‘一战’后的学生一样，他的政治信仰被塑造成了反帝国主义、反资本主义，并且相信苏联布尔什维克革命的承诺”。由于特殊的意识形态历史背景，那个时代类似贝尔纳、李约瑟这样“左倾”的科学家，总是会在社会主义阵营国家受到特殊的欢迎。贝尔纳多次到“他喜欢的国家”去度长假，这些国家里当然包括苏联和中国，通常都是由这些国家的科学院出面邀请。对于这些邀请，贝尔纳不知疲倦、有求必应，他扮演着“物理学、化学、晶体学、材料学和冶金学、建筑业以及农业专家”的角色，因而在社会主义阵营国家享有其他西方同行难以望其项背的声誉。不过，对于贝尔纳在社会主义阵营国家享有盛誉的科学史和科学社会学著作，作者却仅以玩票视之。

《网络与国家——互联网治理的全球政治学》，（美）弥尔顿·L. 穆勒著，周程等译，上海交通大学出版社，2015 年 1 月第 1 版，定价：58.00 元。

书中所言有参考价值，但需要特别注意，这是在互联网上占尽上风的美国人的互联网治理观，还有许多事情作者是不说的。

《*Nature* 杂志科幻小说选集》，（英）亨利·吉编，穆蕴秋等译，上海交通大学出版社，2015 年 1 月第 1 版，定价：38.00 元。

一本出人意料的短篇小说集——原来“世界顶级科学杂志”*Nature* 还一直刊登科幻小说啊！本书系“*ISIS* 文库·科幻研究系列”之一，选择收入了历年发表在 *Nature* 杂志上的短篇科幻小说 66 篇，分为 10 个主题，依次为：未来世界·反乌托邦、机器人·人工智能、脑科学、克隆技术、永生·吸血鬼、植物保护主义、环境·核电污染、地外文明、时空旅行·多重宇宙、未来世界·科技展望。这些作品反映了当今西方科幻反思科学技术的主流观念。作者们想象了未来社会中科学技术高度发展和应用之后的种种荒谬局面，表现了充满人文关怀的深刻忧虑。考虑到这些小说竟发表在久负盛名的 *Nature* 杂志上，则又展现了另一层深远的意义——如果这些小说篇篇精彩，那这件事情本身就相当“平庸”了，但现在的情形是，在“世界顶级科学杂志”上，刊登了一大堆相当平庸的小说，这件事情本身就很不“平庸”了。

《太平洋上的大国争霸》，（美）迈克尔·亨特等著，宗端华译，重庆出版社，2015年2月第1版，定价：49.80元。

分析美国在太平洋上的四场战争，见证一个帝国从顶峰走向衰落——现在它希望打第五场吗？

《性的起源——第一次性革命的历史》，（英）法拉梅兹·达伯霍瓦拉著，杨朗译，译林出版社，2015年2月第1版，定价：58.00元。

书中谈论的“第一次性革命”，时间大体在公元1600—1800年间。此前文艺复兴的浪潮已经席卷整个欧洲，性观念本来应该已经非常开放了，然而令人惊奇的是，在1600年前后，伴随着宗教改革运动和新教的兴起，却出现了一股强力提倡禁欲礼教的潮流。而“第一次性革命”的使命，就是要革这股禁欲潮流的命。这一革命的要义是：成年人获得了支配其身体的自由，婚外性行为不再成为非法，社会不再用强力迫使人们遵守违背他们意愿的道德。

学位论文摘要

科学政治学视角下的艾森豪威尔政府外空政策变革研究（1957—1960）

作者：**石海明**
导师：**刘　兵**
学位：**博士**
授学位学校：**上海交通大学**
答辩时间：**2012 年 6 月 13 日**

关键词　人造卫星；外空差距；国家安全；冷战；政治象征

本文从科学政治学的研究视角切入，利用美国国家安全委员会、国防部、国家情报委员会、美国洛克菲勒兄弟基金会及兰德公司等机构的解密档案，并参照艾森豪威尔、肯尼迪、杜勒斯、赫鲁晓夫及科罗廖夫等人的回忆录，在前人相关研究的基础上，重点聚焦艾森豪威尔政府外空政策变革背后的党派政治、军种政治及国际政治，尝试剖析执政的艾森豪威尔政府共和党势力与在野的肯尼迪、约翰逊等民主党势力，在苏联“人造卫星”事件之后围绕“外空差距”展开的激烈争论，以及美国陆海空不同军种在苏联“人造卫星”事件前后的利益冲突与政治博弈。全文分六章展开，主体部分是第二章至第五章，具体内容如下：

第二章阐述了苏联“人造卫星”事件与艾森豪威尔政府外空政策变革的整体图景，主要内容包括苏联“人造卫星”事件前后的美国外空政策，以及苏联“人造卫星”事件与美苏“外空差距”争论形成与演进的互动史。

第三章剖析了艾森豪威尔政府外空政策变革背后的党派政治。本文研究发现，在苏联“人造卫星”事件之后，在野的肯尼迪、约翰逊及赛明顿等民主党势力，刻意夸大美苏“外空差距”，大力渲染“国家安全危机”，用所谓“新边疆”“灵活反应”等战略批评艾森豪威尔的“新面貌”“大规模报复”等战略，其背后隐藏着复杂的政治目的。随后，民主党肯尼迪势力在战胜赛明顿、洛克菲勒等势力后，借 1960 年的总统选举，进一步利用外空的政治象征意义击败了尼克松，从此，彻底逆转了艾森豪威尔政府的外空政策。

第四章剖析了艾森豪威尔政府外空政策变革背后的军种政治。本文研究发现，美国陆海空各军种在苏联“人造卫星”事件之后，不同程度地卷入了所谓美苏“外空差距”争论，在当时的美国国防体制下，其背后动因主要是具体的军种利益之争。

第五章剖析了艾森豪威尔政府外空政策变革背后的国际政治。本文研究发现，苏联抢先于美国发射人造卫星具有政治突袭的强目的性，在成功发射之后又进行了刻意渲染。与此同时，社会主义阵营的国家也认为，苏联“人造卫星”事件是社会主义战胜资本主义的象征。正是在这种冷战的特殊国际政治背景下，美国公众舆论对苏联“人造卫星”事件产生了过激反应，从而为肯尼迪政治势力提供了批评艾森豪威尔政府外空政策的机会。

上述主体部分的研究，展示了美苏冷战史更细致的内容，提供了科学政治学的一个典型案例，丰富了冷战史研究的新理论范式并拓宽了外空政策研究的思维模式。

其一，本论文的研究提供了科学政治学的一个典型案例。作为一个具有交叉性的研究领域，有关科学政治学的学科属性、问题视阈及学术价值等，学界本就存有争议，如有学者认为，“科学政治学是20世纪80年代在发达国家兴起的一个跨学科、综合性的研究领域。它之所以最先在发达国家兴起，这与发达国家的社会经济发展水平以及学科发展状况有紧密联系”[①]。但也有学者不同意这种说法，在其看来，“作为一门从政治学视角研究科学的学科领域，科学政治学可以追溯到科学史及政治学发展的源头，我们从相关学科的历史文献中，可以找到大量有关知识与权力关系的佐证”[②]。笔者认为，有关科学政治学起源的争论暂且可以搁置，转而寻找相关研究的经验问题更有学术价值，从这个意义上说，本论文的研究就提供了这样一个典型案例。

具体而言，在苏联“人造卫星”事件之后，冷战期间对立的社会主义及资本主义两大集团做出了不同的反应，在美国这种反应又进一步延伸到了民主党与共和党之间的党派冲突以及陆海空之间的军种冲突。对立的双方表面上都在围绕外空科学展开争论，然而，仔细分析这一系列争论背后更复杂的因素，即可发现“科学”背后的“政治”。具体而言，如肯尼迪在苏联“人造卫星”事件之后一直呼吁美国正面临着“国家安全危机”，并主张增加国防开支以加强军事科技研发。对此，从科学政治学的视角进行研究即可发现一个疑问，即国家安全到底是一种客观存在，还是一种社会建构？本文的案例研究最终揭示出了国家安全的这种社会建构性——不同的利益主体出于各自的目的，极力夸大外空科学的军事意义及政治意义，有时更会以“国家安全”为名，渲染危机。特别是由于外空科学涉及所谓国家威望，因此，世界各大国都极为重视。然而，这种意义在特定背景下又是社会建构的产物，在国际政治的较量中，这种建构恰是军备竞赛的一个重要原因。本论文聚焦苏联“人造卫星”事件后美国外空政策的变革，从而印证这一点，也因此为科学政治学提供了一个典型案例。

其二，本论文的研究丰富了冷战史研究的新理论范式。近年

---

① 胡春艳．科学技术政治学的“研究纲领”——对科学技术与政治互动关系的研究［M］．长沙：湖南人民出版社，2009：36.

② 刘丽．知识与权力——科学知识的政治学［M］．武汉：崇文书局，2006：45.

来，国内外冷战史研究比较活跃，在国外有伍德罗·威尔逊冷战研究中心、哈佛大学冷战研究中心、伦敦政治经济学院冷战研究中心及加州大学圣芭芭拉冷战研究中心等多个学术重镇。在国内，华东师范大学沈志华、崔丕，东北师范大学的于群等知名学者带领的冷战史研究团队，近年来不仅取得了丰硕的研究成果，同时还探索了冷战史研究的理论新范式。

这种冷战史研究的新理论范式，是相对于传统冷战史学而言的，即"传统冷战史学一般围绕'冷战为什么会发生及冷战的性质如何'来展开研究，关注的是美苏两大国际行为体在全球范围内展开的硬实力对抗以及结盟体系之间的分化组合"①。这些传统研究主题包括柏林危机、古巴导弹危机、朝鲜战争、波匈事件等。这种传统的冷战史研究理论范式，几乎完全集中于高层政治决策和重大危机处理。而对与冷战国际关系发生、发展显然有着密切关联的许多相关问题，如冷战期间国家与社会的关系及其变化，文化因素与冷战时期国际政治对抗的关系等，则几乎被排除在冷战史研究的视野之外②。而冷战研究的新理论范式，则在于试图通过挖掘解密档案，还原当时所发生事件背后更复杂化、更立体化、更散点化的图景。

本论文的研究聚焦了苏联"人造卫星"事件之后多方的政治博弈，如在野的肯尼迪、约翰逊及赛明顿等民主党势力，通过刻意夸大美苏"外空差距"大力渲染"国家安全危机"，用所谓"新边疆"与"灵活反应"等战略来批评艾森豪威尔的"新面貌""大规模报复"等战略，等等。此外，本论文的研究还通过部分解密档案，试图挖掘出苏联"人造卫星"事件背后公众舆论、科学家、政治家、军方等不同利益主体之间复杂的互动，以及这种互动背后更深层的社会文化因素。通过这种研究进路，本文最终发现：艾森豪威尔政府的外空政策变革与冷战国际政治背景，是

① 于群．新冷战史研究：美国的心理宣传战和情报战［M］．上海：上海三联书店，2009：1.

② 陈兼，余伟民．"冷战史新研究"：源起、学术特征及其批判［J］．历史研究，2003（3）．

一种非线性的互动关系，一方面可以发现冷战国际政治背景对艾森豪威尔政府外空政策变革的影响，另一方面也可通过剖析艾森豪威尔政府外空政策的变革来认识冷战的本质。

其三，本论文的研究拓宽了外空政策研究的思维模式。有关冷战期间美国外空政策的研究，按一般的思维模式，可以被认为是一种纯粹的科技政策研究，如重点关注政策制定的主体、政策变革的背景以及政策调整的效果等问题。然而，本论文却在梳理、考证相关史料的基础上，尝试从“外空：冷战时期的象征政治”这一新端口介入，剖析了特定历史条件下外空对不同社会角色的不同象征意义，以及这种象征意义在多方政治博弈过程中所发生的作用。

具体而言，本文的研究发现，在苏联“人造卫星”事件之后，民主党肯尼迪政治势力之所以能够以美苏“外空差距”为借口渲染出所谓的“国家安全危机”，这与其善于利用外空的政治象征意义不无关联。正如其在与共和党尼克松副总统的竞选辩论中所反复鼓吹的那样，现在美国面临的问题，也是共和党与民主党共同面对的问题是：“自由能够在下一代延续吗？我们的国家安全有保障吗？在一个火箭与卫星开启的新时代，面对‘新边疆’，一个事关自由与专制的‘新边疆’，一个事关和平与战争的‘新边疆’，一个事关繁荣与衰落的‘新边疆’，如果我们失败了，如果我们不能开拓向前，如果我们不能发展足够强大的军事力量，我想，我们将不能跟上时代的潮流。”①

① Sidney Kraus. The Great Debates：Kennedy vs Nixon，1960［M］. London：Indiana University Press Bloomington，1977：197.

黄金大米事件中媒介报道存在的问题研究

作者：**傅丁丁**
导师：**刘　兵**
学位：**硕士**
学科：**传播学**
授学位学校：**河北大学**
答辩时间：**2014 年 5 月 31 日**

关键词　科学传播；黄金大米事件；媒介报道；问题

自从 2012 年黄金大米事件发生以来虽然已经过去两年了，但从科学传播的角度去分析关于黄金大米事件的媒介报道存在的问题却依然有理论意义。黄金大米事件作为科学传播的典型科学事件，不仅涉及公众切身的利益以及食品安全、儿童健康等公众一直感兴趣的话题，更重要的是黄金大米事件自身涉及转基因能否拿儿童做实验，转基因实验能否在实验对象不知情的情况下进行研究的科学规范和科学伦理问题。媒体有必要搭乘科学事件的“顺风车”，提高公众科学素养；然而，不管是传统意义上的纸媒还是网络媒体，对于黄金大米事件的报道，都更着眼于食品安全、民族主义、意识形态这些社会话题。

为什么一起典型的科学传播事件，媒介主要将其作为一个社会话题来报道，局限于社会新闻领域，而不是从科学传播的角度去报道？这个问题在每次的科学传播事件的媒介报道中都很典型。因此，时隔两年之后从科学传播的角度对黄金大米事件中媒介报道存在的问题进行研究依然具有理论意义。

本文选取了纸媒《人民日报》《南方都市报》及网媒科学松鼠会关于黄金大米事件的报道作为研究对象。通过将纸媒和新媒体对黄金大米事件的报道进行对比研究，提出黄金大米事件中媒介报道存在的问题。

（一）争议的转基因世界：错失科学传播良机

中国有句俚语“寡妇门前是非多”，转基因如果套用这句话就是“转基因门前是非多”，“是”与“非”从字面意思来看，就是“支持”与“反对”。在转基因问题上就形成了鲜明的两个派别：坚决支持转基因的“挺转派”与坚决反对转基因的“反转派”。在是与非的世界里的只是少数人，而众多的就是沉默的一群人，这部分人对于转基因持无所谓的态度，不支持不反对，在个人饮食中也不接受转基因食品。美国哈佛大学著名的政治学家裴宜理教授给这个群体的心理状态冠以新型名词“抽象愤怒”。一般情况下，民众对于现行不合理规则的不满隐藏在心里，不会显化为具体的抗争口号或行动，具体到转基因的世界，就被称作“抽象愤怒派”。三者使得事件一涉及转基因的问题，就会成为争议问题，成为公众关注的话题，自然也成为媒介报道的焦点。

科学传播如果仅仅将“科学”自身进行传播，恐怕一不能引起媒体兴趣，二不能占用公众娱乐的时间；但当科学置身于争议当中、科学处于“是非”当中的时候，也就迎来了科学传播的“争议良机”。黄金大米事件首先涉及公众普遍关心的话题：转基因；第二涉及国家主义层面，即美国人进行科学实验为何不用美国儿童做实验而要用中国儿童做实验；第三，黄金大米事件被评为“2012 年度十大科普事件”。黄金大米事件是充满争议的转基因世界里一个焦点话题，这些都是科学传播的良机，是民众舆论关注的高潮。分析《人民日报》《南方都市报》、科学松鼠会进行的报道，时间上普遍滞后。2012 年 8 月 31 日，新浪微博用户“雾满江拦”揭露“黄金大米”后，公众开始普遍关注，但是《人民日报》作为报道转基因 20 年的权威媒体 9 月 5 日才刊登了第一篇关于黄金大米事件的报道《黄金大米试验疑云调查》，作为中国富有媒体责任感的《南方都市报》9 月 11 日才有了第一篇原创性报道《黄金大米事件相关研究员被停职调查》；以快捷和科学传播标榜的互联网媒体科学松鼠会 9 月 10 日才有了云无心的《黄金大米的实验争端》。“长江后浪推前浪，前浪拍在沙滩上”，当新的热点出现，老百姓的关注兴趣随之转移，错过科学传播的最佳时机。

（二）买椟还珠的报道：科学传播的边缘化

科学传播分为两阶：一阶指的是科学技术基本知识的传播，二阶科学传播是关于科学技术事务元层次，主要指科学方法、科学精神、科学文化、科学哲学、科学技术史、科学的社会运作的传播。科学传播如果追溯历史的话，“科学”本身源自希腊奴隶对于自由的追寻，当身体受到枷锁的镣铐，只有头脑的驰骋和自由思考是对心灵的放飞和安慰。所以科学传播的内涵就是科学精神的诉求，科学传播实际是一种更为尊重人的自我发展，遵循科研规范，遵守科研伦理的科研精神的传播。黄金大米事件发生以后，中国疾病预防控制中心、浙江医学科学院、湖南省疾病预防控制中心对黄金大米事件的处理依据有三点：第一点，“黄金大米”入境没有得到批准，汤光文也未进行入境申请；第二点，在将“黄金大米”用于实验时，没有告知家长实情，而是刻意隐瞒；第三点，在实验本身的违法及违反道德行为被揭露时不予配合，提供虚假信息。处理结果是：黄金大米实验所涉及的行为既是违法行为，又是违反科研伦理的行为。黄金大米事件的实质就是科研工作者违反科学研究规范，实验过程中不遵守科研伦理、缺乏科研诚信。

媒体应该集中于对黄金大米事件的实质进行报道，但通过对媒介的报道进行分析发现：《人民日报》虽然对黄金大米事件发表了多篇报道，但是这些报道集中于黄金大米实验本身的来龙去脉，查证有没有这种事情，做没有做这个实验，实验到底涉及哪些地方的儿童，是一种典型的社会新闻报道框架；科学松鼠会虽然对此进行了科学传播的报道，但是没有第一时间进行报道，并且第一篇《黄金大米实验争端》仅仅停留在黄金大米自身的安全性上。科学传播仅停留在社会层面，对黄金大米事件涉及的科学精神没有进行深度挖掘和报道，是一种典型的买椟还珠行为。

（三）虚伪的多元声音：消息来源的官方化

充满争议的转基因世界是由“挺专派”“倒转派”“抽象愤怒派”组成的，黄金大米实验是转基因实验，黄金大米事件涉及官方、民间、专业人士三方；而以“意见的自由市场”标榜的新闻媒介应该让多元意见得到表达，让多种声音得以释放。对《人民日报》《南方都市报》、科学松鼠会关于黄金大米事件报道的分析发现，消息来源太单一化，其中最为典型的就是科学松鼠会关于黄金大米事件的报道仅有 2 篇，且均出自一个网名为“云无心”的作者。对黄金大米事件的报道，来自科学传播背景的专业人士、来自政府背景的人员及事件当事人和本次实验中的儿童及家长的声音都应该有“露脸”的机会。《人民日报》关于黄金大米事件的报道官方消息来源达 71.4%，来源于民间的仅为 8.3%；专业人士的消息来源为 20.3%，官方消息来源比重较大。从另一个层面来讲，也是对公众意识的淡薄。虽然在媒介报道中看似给了多方表达意见的机会，但这是一种形式主义的多元。就像自来水公司举办的“民主听证会”，以一种虚伪的民主达到涨价的实质，看似民主，实际是“强奸”民意。因此，消息来源的单一化和官方化问题也是科学传播事件媒介报道存在的问题。“挺转派”的方舟子和“反转派”的崔永元之间的转基因争议充斥着媒介，那么“抽象愤怒派”的芸芸众生呢？

科学传播事件层出不穷，但经常被作为社会事件而不是科学传播事件进行报道。其中的原因是多方面的，一个不可忽视的就是“科学”概念被“束之高阁”。科学的成果包围着我们，科学是生活的一部分，但由于历史原因，从1915年陈独秀创办《新青年》杂志高举“民主”和“科学”旗帜起，科学就作为一种美好力量的象征，是一种概念化的存在，科学本身和科学概念被剥离了。我们使用科学，但把“科学”二字偶像化，“赛先生”被放在圣坛上供我们瞻仰，与普通大众的娱乐无关。这种现象不独科学有之，“文化”自身也陷入文化生活化和“文化”二字被“束之高阁”的逻辑困境。媒介的生存前提是有受众，受众除了了解世界以外更多的是获得一种娱乐，就像尼尔·波兹曼所说：“谁会拿起武器反对娱乐?”当科学传播的事件被当作社会事件进行报道时，无疑会成为茶余饭后的谈资，成为一种娱乐。所以，科学的生活化和科学的概念化两者统一是应对科学传播媒介报道存在问题的一种策略。

“肖方案”报道的科学传播研究

作者：**李　倩**
导师：**刘　兵**
学位：**硕士**
学科：**传播学**
授学位学校：**河北大学**
答辩时间：**2012 年 6 月 3 日**

关键词　肖方案；科学传播；媒体；监督

近几年，科学传播的主体由传统的科学家逐渐转向科技记者，大众媒体的科学传播受到越来越多的瞩目。在媒介成为传播的主力后，科学的形式变得多样化、娱乐化、时尚化，甚至可以说变得性感起来。传播效果也更为显著，大众开始关注科学，科学素养得到提升，科学发展态势良好。

然而，媒体的特性也让我们逐渐意识到传播的另外一个层面：内容过度娱乐化，知识没有科学性；追求轰动话题，不顾负面效果等。在发现大众媒体科学传播存在的诸多问题后，本文选择了一个典型案例——“肖方案”。之所以称其为典型，一方面基于这一事件不仅仅停留在科学圈，而是由于媒体的广泛报道引起越来越多的受众去关注科学界；另一方面是此事的报道就媒体对学术争议评判的正当性，曾在网上引起热议。来自科学传播的记者，认为媒介有舆论监督的权利，可以通过调查报道检验技术的准确性；而来自科学界的知识分子网友则认为，舆论监督不能没有底线。

本文将光明网、科学网、新浪网的专题报道做了汇总，之所以选择这几家媒体主要是因为它们具有一定的代表性，分别为主流媒体、专业媒体以及最大的门户网站。光明网读者面向知识分子，被称为知识分子的交流平台；科学网则是中科院主管下的专门从事科学新闻和科学服务的平台，这两家媒体都是科学传播的主流官方媒体。新浪网是我国最大的门户网站，也有专门的科技专栏，而且“肖方案”发生后也开了专栏跟踪事件的进展。

首先利用武汉大学信息管理学院研发的内容分析软件 ROST CM6 分析了情感因素和高频词。三家网站中最具中性情感的是科学网的博客专题，新浪网则最具批判色彩。尽管在一般看来媒体的报道最为客观和中立，事实上“肖方案”的报道中感情色彩含量少的恰是来自科学网的网民。此外，这种情感分布也会随着一些因素变动：新浪网是随着案件发展的时间变动，科学网的博客和新闻内容在一定方面存在差异，而光明网则最为客观。

其次对报道时间、内容选择、专题设置、信息来源等方面进行了比较，使该案例在科学传播中存在的问题具体化、形象化，从而可以对问题加以梳理。通过以上几个方面的比较可以看出，不同定位的媒体，在科学传播中存在的问题也不同。作为门户网站代表的新浪网定位普通大众，主要体现在报道的科学性内容少，大量的报道没有跳出暴力事件的层面，过度追求娱乐，科学传播的媒介属性发挥到极致，却丢失了其科学属性。光明网、科学网定位较高，能够比较客观、负责地报道事件，存在多方声音来源、多元的观点和客观的立场，尤其给网友的不同声音以话语权，保证了报道内容的相对平衡，其存在的问题表现为同行评议的声音相对较少。

通过“肖方案”报道的科学传播研究，发现问题集中表现在三个方面：科学传播因其跨学科性，具有两个属性，即科学传播属性和媒介传播属性；而在“肖方案”的报道中，这两个属性存在的问题比较典型；此外体现为欠缺的法治观念。

对于目前的科学传播，媒介属性发挥得比较充分，媒介属性中突出的典型问题表现为两个方面：一方面部分媒体只以科学为由头，形似科学传播，实则是以科学的名义卖弄娱乐，传播内容过度娱乐化，导致科学让位的现象。虽然将报道内容设置在科学的板块中，但并未涉及过多的科学知识。另一方面，由于报道主体的记者和媒体本身对科学传播认识的误区，存在媒体报道的越权行为。

科学属性的问题同样表现为两个方面：一方面，对科学概念使用的失误，在报道内容上存在硬伤，凸显了部分媒体科学传播的不足；另一方面，科学评价主体缺位，导致媒体监督无章可循，哪怕发现问题也不知道采取何种正确的途径解决，以致于在责任的驱使下，越位评判，引起冲突和矛盾，达不到应有的传播效果。报道的科学性并不理想，面对日益强大的科学传播，如果总用娱乐的一条腿走路，长久的不对等将埋下隐患，最终将阻碍其发展。

最后表现为科学传播中法制观念的淡漠，于是出现了道德审判、媒体审判，并且在社会上形成不正常的法制观念。没有在法律环境下，保护当事人的合法权益，没有形成一种正常的学术评判机制，致使不规范的私人打假盛行。

此外还可以看到报道中媒介偏向的痕迹，就同一事实，报道的立场却截然相反。而来自知识分子网民的声音在此次报道中占有一席之地，他们之间的争论对多角度地看问题，批判地接受两方的声音，做出自身的价值判断起到了重要的作用；在这场争论中，他们给广大受众上了一堂科普课，科学规范、科学的运作模式、科学并非完美等内容渗透到了公众的视野。

在问题明确化之后，首先应该明确科学传播不同于大众传播，虽然在形式上和一般的大众传播相似，但其仍然属于科学界，需要遵循科学的运作机制。科学报道的一个准则是，所有的科学新闻报道，除了明确的事件新闻和观点新闻外，都必须严格依据于发表在同行评议刊物上的相关学术论文。而在专题报道中，我们发现媒体对科学传播认识存在误区，完全用大众传播的方式去报道科学，忽视了其科学属性，导致报道中出现越权行为。由此看来，这些问题应该引起媒体的关注和反思。

民国时期西医牙科的传入（1912—1937）

作者：**王瑶华**
导师：**章梅芳、刘　兵**
学位：**硕士**
学科：**科学史**
学位授予学校：**北京科技大学**
答辩时间：**2014 年 12 月**
作者现在工作单位：**北京科技大学**

关键词　科学技术与社会；医疗社会史；科学传播；民国；牙科

近代以来，西医牙科学伴随着西方医学传入中国的浪潮而在中国的土壤中生根发芽。它最早出现于鸦片战争年间西方教会医院设立的牙科中。1907 年，西方第一位牙科传教士在中国内地开设专门的牙科诊所，近代牙医学正式传入中国。1937 年抗日战争前，西医牙科逐渐在中国实现了本土化进程，并逐步确立起其在牙科领域中的权威地位。

本文首先对近代时期特别是 1912—1937 年的西医牙科在中国的传入方式和过程进行了梳理和分析，发现它主要通过教育、学术团体、杂志、图书等方式传播。在此基础上，文章从社会权力论角度出发，考察了西医牙科在民国社会实现专业化的策略——教育制度、证照制度和污名化策略，认为西医牙科在中国的确立是以西方牙科知识体系为理论依据的，并借助了国家颁行的各项法律法规的力量，其对西医牙科专业化的作用在于既划清了牙科行业领域内外部人员的界限，同时亦完成了群体领导者对行业内部劳动力分工的形塑。最后，本文以预防为核心的牙科知识作为研究对象，利用福柯权力-知识的概念，在公共健康话语语境下，结合近代中国特殊的身体隐喻，透过将口腔作为国家和政府的监控对象，探讨口腔卫生与牙齿健康镶嵌于当时人们日常生活实践的方式。本文对于丰富中国近代技术文化史和当代科学技术与社会的研究具有一定的学术价值和借鉴意义。

伪满洲国制铝工业研究

作者：**冯训婉**
导师：**章梅芳**
学位：**硕士**
学科：**科学技术史**
学位授予学校：**北京科技大学**
答辩时间：**2011 年 12 月**

关键词　殖民地科学史；满洲轻金属制造株式会社；制铝技术

民国时期，作为近代工业重要组成部分的炼铝工业在国民政府管辖地区尚未发展起来，但日本却凭借其科技优势和侵略行为在我国台湾、山东和辽宁开办了多个大型铝厂。其中，伪满洲国的满洲轻金属制造株式会社以东北的矾土页岩为原料提炼和制造氧化铝及纯铝产品，这是使用我国贫矿从事铝工业生产的开始。

本文以满洲轻金属制造株式会社为案例，对其所代表的日本在我国东北发展铝工业的历史进行梳理，厘清其探矿、试掘、开采、提炼试验以及试验工场建设、株式会社成立、工厂生产、人员管理，配合经济发展计划、侵略计划、技术转移等各个方面的史实，从殖民地科学的视角出发探讨和分析日本在我国东北发展铝工业所造成的影响。日本在我国东北地区创立了完整的铝工业体系，并发展出了适合本地区生产条件的制铝技术。

本文认为，这种工业完全服务于日本侵略需求，它的发展不仅没有给东北地区的人民带来福利，还给中国及周边地区造成了深重的灾难；同时，尽管存在日本的技术封锁和战争破坏，但日本发展起来的制铝技术及工业体系还是为新中国抚顺铝厂的建立奠定了一定的基础。由此亦可见，殖民地科学的发展对殖民地影响的复杂性。

铁农具的推广对中国古代传统农业的影响（公元前5世纪—公元3世纪）

作者：**包明明**
导师：**章梅芳、李晓岑**
学位：**硕士**
学科：**科学技术史**
学位授予学校：**北京科技大学**
答辩时间：**2010年12月**

关键词 铁农具；使用推广；传统农业；公元前5世纪—公元3世纪

冶铁技术的发明和铁器的使用在人类发展史上意义重大，一定程度上改变了人类的生产和生活方式。学界普遍认为生铁冶炼技术最早起源于中国，最初所得为坚硬易断的白口铁，大约在公元前5世纪发明了将白口铁退火处理使其变柔韧的技术，生铁才逐渐被加工成各种农具应用于农业生产。

在前人研究的基础上，本文通过对近50年来出土铁器和铁农具的数量、地域及种类的统计和分析，初步揭示了铁农具在战国至秦汉时期的使用范围和推广程度，认为战国至秦汉时期我国农业发展迅速，甚至之后的一些朝代也未能企及，冶铁技术的进步和铁农具的推广是其不可忽视的重要因素。

其次，本文从技术史的角度分析了铁农具的发明及进步与农业生产不断提高之间的关系，认为铁农具的不断完善促进了“深耕细作”的农业技术体系的形成，并推动了诸如“畎亩制”“代田法”等农业制度的大范围推广。在此基础上，进一步分析了铁农具的使用与当时社会经济发展之间的关系，认为战国中晚期至秦汉时期农田面积的增加、农业产量的提高、水利工程的修建都离不开铁农具的使用和推广，铁农具为开荒、耕种和修建提供了必要的技术手段。

最后，本文还尝试性地分析了铁犁牛耕所带来的农业生产组织形式的改变，以及由此引起的土地制度、生产关系的变化，认为以铁犁为代表的铁农具的使用有助于形成以小家庭为核心的农业生产组织形式，发展土地私有制，改变农民的人身依附关系，进而促进社会经济贸易的发展及封建帝国的强大。

汉译佛经中的宿曜术研究

作者：**李　辉**
导师：**江晓原**
学位：**博士**
授学位学校：**上海交通大学**
答辩时间：**2011 年 3 月 2 日**

关键词　二十七宿；二十八宿；七曜；九曜；星占术；宿曜术

汉译佛经中有关“星”“历”的数术体系众多，但其中最为主要的，是以“宿”和“曜”为出发点引申开来的各种“术”，即本文所定义之“宿曜术”。本文的研究对象，也即“宿曜术”。全文一共分为六章。

第一章讨论了宿曜术的研究现状。

国外学者对于汉译佛经中宿曜术的研究多为某一种术的专题研究，如日本学者善波周等人对《宿曜经》中二十七宿术的研究；国内学者对于宿曜术相关的研究，多为断代综述，如黄正建对敦煌所见唐五代各种星占术的介绍。有鉴于此，本文提出要对所有的“宿”“曜”术——从基本要素到计算规则——一一进行复原，以便恢复“宿曜术”的整体原貌。

第二章探讨了“宿”法。

“宿”法主要有三种：“月行于宿法”“二十八宿直日法”和“二十七宿直日法”。

“宿”是印度天文学中最基本的概念之一，在印度天文学中，月亮运行过程中每日经历的恒星区域，被算作一个“月站”，也即一“宿”。按照印度星占学，当月亮运行至某一宿时，人世间就将会发生对应的吉凶情况。汉译佛经中所出现的很多种星占术，都是由“月亮运行至各宿”这一天象延伸开来的。

本章首先讨论了传统星占术中的“月行于宿法”，梳理了该法中与天文学密切相关的宿之长度、形状、星数等客观数据，并进而指出该法中宿的祭祀食品、主天、种姓等参数及宿对人事物的吉凶都是主观建构的结果。

本章还从汉译佛经中整理出了两种前人少有注意的印度历表（以及其中一份经历“中国化”之后的中土印度历表），分别是二十八宿直日表和二十七宿直日表，并最终复原了汉译佛经中依据这两种印度历表而成的星历术，即“二十八宿直日法”和“二十七宿直日法”。这两种术，既包含占卜行事吉凶，也包含人之性命，所以不能以占卜术或者算命术概之。

第三章集中讨论了“曜行于宿”相关之术。

本章对七曜临入二十七宿引发的灾厄及相应的禳除法进行了分析和归纳。

宿之可以直日，表明它们被赋予了一定的意义。各种宿的意义当中，与宿曜术最相关的，是对人命宿的规定——一个人生日当天月亮所在之宿。由于普通人无法知晓自己所生之时的月亮所在宿，因此佛家提供了毫无科学意义的“诀窍”——在问占者不知道自己生日的情况下通过其动作来判断其命宿；而在问占者知晓自己生日的情况下，则通过“二十七宿直日表”来查出其命宿。因此说明，个人的命宿并非通过月亮月行规律来计算得出，而是或者通过迷信方法“断定”，或者通过由它演变而成的二十七宿直日表查出。

命宿一旦在表中查出，将被视为天空中具体真实的宿。行星运行至该宿，按照佛经星术，就将会造成该人命况的一定灾厄。

行星如何运行，也是有表格可查，即《七曜攘灾决》中的行星运行表。佛家为攘除这些灾厄，特别提供了多种专门的攘灾之法，本章集中分析了其中的三种："七曜攘灾法"——主要出自《七曜攘灾决》；"九曜攘灾法"——主要出自《梵天火罗九曜》；以及"炽盛光佛法"——主要出自有关炽盛光佛的几部经。攘灾之法通常是僧人所操作的专门仪式，当中重要的元素有供奉画像、念诵咒语等。

第四章集中讨论了"曜"术。

本章对汉译佛经中的七曜直日（星期）和九曜行年两种纪时方式分别进行了说明，并最终对依据它们而成的"七曜直日法"和"九曜行年法"进行了归纳和总结。

所谓七曜直日，即星期制度，七曜一曜直一日，周而复始。九曜是印度将七曜另加罗睺、计都两曜。九曜行年，即九曜一曜行一年，周而复始。"七曜直日法"出现在《宿曜经》中，"九曜行年法"出现在《梵天火罗九曜》中。两种曜术，主要目的在于预知七曜所直之日和九曜所行之年的吉凶情况，包括人之性命况、选择宜忌等。当然佛经中更为主要的内容，是佛家提供的关于如何针对具体曜日或曜年趋利避祸的法术。这些法术中重要的元素同样是供奉曜神像和念诵咒语等，而这两种星法在敦煌文献中也有出现，本章对它们进行了释读和评注。

笔者发现日本现藏的一份《大唐阴阳书》中，也出现了宿直与曜直合而用之的历注，本章对其进行了深入分析并勘正了其中几处抄误。通过对这份珍贵的史料解读，印证了前文对"宿直"和"曜直"的研究结论。

第五章集中讨论了星神画像——以曜神像为主。

本章对各曜神的画像特征进行了归纳和总结；另外还结合印度星神画像，对中印之间通过画像而进行的天文星占交流情况进行了讨论。

在曜行于命宿引发灾厄的攘除仪式，以及对曜直之日或所行之年的趋利避祸中，曜神像都是一种重要的法器；而作为一种画像的曜神像，在艺术史上也是有一定地位的。本章对中土历史上作为艺术品的星神画像（以“五星二十八宿神形图”为例）和佛教文献中出现的九曜神像、炽盛光佛等神像都专门进行了分析，对各神像的具体特点都做了讨论和归纳；并通过对比印度星神画像，讨论了中土星神画像与印度星神画像的关系。

第六章对宿曜术的内容进行了总结并对未来的研究方向进行了讨论。

本章归纳出了宿曜术主体的内容，即“占卜—攘灾”“直日—供奉”两部分，并指出前者的要点在于二十七宿直日纪时制度。它是二十七宿直日星术的基础，也是确定个人命宿的关键。正是由于二十七宿直日是印度特有的纪时制度，在中土没有对应制度，因此难以理解而被不断地神秘化，从而使得人们长期以来对宿曜术深以为秘。本章还展望了利用宿曜术中的印度历法概念和画像等要素，讨论中西交流，以及中土受印度星术文化影响等议题的未来研究方向。

总结以上，本文视“宿曜术”为一种知识体系，以“内史”的研究方法，还原了随佛教进入中土的“宿曜术”。“宿曜术”的基本计算规则，比如在宿直日法里，二十八宿值日或者二十七宿值日是月亮运行规律的反映；但是在逐渐表格化之后，与真实的月亮运行规律已经不再相干。僧人在占“星”时，需要的就是查找表格以查得月亮所在的位置——并非天上月亮的实际位置，然后再给出月亮在某宿所代表的吉凶。如此，佛教高僧就完成了占卜的工作，但这一整套工作，与仰观天文的占星活动已经完全不同。所以本文的结论就是:“宿曜术”是来自天文但有自己的要素和规则的知识体系。

历法、宗教与皇权：明末清初的中西历法之争（1629—1692）

作者：**马伟华**
导师：**关增建**
学位：**博士**
学科：**科学技术史**
授学位学校：**上海交通大学**
答辩时间：**2012 年 11 月**

关键词　明末清初；中国传统历法；西方历法；历争；耶稣会士

明末清初，耶稣会士在来到中国传教的同时，也将西方的天文历法知识传入中国，与中国传统天文历法知识有了一次大规模的交流碰撞。本文从天文学史的角度出发，以明末清初的中西历法之争为主线，运用社会天文学史的研究方法，探究中西天文历法知识所经历的中西初识、调适会通、碰撞冲突、西法中用等发展阶段；考证分析崇祯改历中修历诸家的纷争、明清之际耶稣会士在改历中的活动、康熙历狱的发生和审判过程、康熙历狱的翻案以及康熙三十一年容教令的颁发等重要事件；探讨从崇祯改历开始（1629 年）至容教令颁发（1692 年），耶稣会士通过西方天文历法知识接近皇权、谋求在华传播天主教期间，历法、宗教与皇权三者间的相互关系。

崇祯改历缘起于《大统历》推算交食误差过大，在崇祯追究钦天监推算日食差错的背景下，礼部奏请改历。改历伊始，崇祯就要求将各家历法悉心互参，不可偏执，最终到达“务要画一”的目标。徐光启以此为依据引入西方天文历法知识参与改历，他主张当钦天监官生熟习新法以后再将新法颁行，从而达到崇祯“务要画一”的要求。李天经掌管历局以后，主张用测验交食、五星运动等方法证明西法密合天行，然后将西法“画一”施行即可，这恰恰与崇祯“务要画一”的要求相悖。东局反而正确领会崇祯的意图，使他们在预报疏远的情况下依然生存下来，最后因为造假而被解散。李天经不断指责《大统历》疏远，也不愿真心实意地把西法传授给钦天监，无法实现崇祯将西法与《大统历》讲求异同、得到一致推算结果的要求，致使改历陷入僵局。此外，西法在推算交食方面也存在误差，李天经通过降低预报和观测精度的方法，使西法在屡次交食测验中一一密合。

耶稣会士在崇祯改历中翻译书表、制器测验，贡献颇大，然而改历之初他们所受廪给偏少。在明朝官员的一再奏请下，朝廷增加了耶稣会士的廪给。汤若望上奏希望获得崇祯御赐匾额的赏赐，因为这有利于天主教的传播。耶稣会士传播天主教之目的，使他们能够在获得朝廷较少廪给的情况下依然参与改历。明清鼎革之后，汤若望获得钦天监的管理权，他通过控制钦天监中层领导权，笼络钦天监内中下层的人心，同时加紧督促钦天监众人学习西法，经过漫长的过程才确立了西法在钦天监的主体地位。通过这一系列措施，汤若望将钦天监内熟习《大统历》之人消灭殆尽，而汤若望对回回科采取的打击压制措施，则导致了吴明炫对西法的攻击。

顺治年间，围绕五世达赖进京一事，满汉大臣发生针锋相对的论争。满族大臣从稳定边疆的目的出发，主张尽可能地优待五世达赖，力主顺治出京迎接达赖。汉族大臣的主张则截然相反，顺治既不能出京迎接达赖，亦不让达赖进入内地。汤若望从使顺治归依天主教之目的出发，在此事上选择站在汉族大臣一边，并在关键时刻同汉族大臣一道使用天象示警的办法，成功阻止顺治出京迎接五世达赖。康熙三年，当辅政大臣秉持朝政之时，汤若望成为曾经反对五世达赖进京，且康熙初年仍留在权力场中的唯一一人。此时，辅政大臣曾经担心的厄鲁特蒙古发生叛乱，清廷对此束手无策，当时的政治形势对汤若望十分不利。

恰在此时，杨光先状告汤若望等人“谋叛”等罪，从而引发了康熙历狱。康熙历狱的审讯首先以杨光先控告汤若望等人的“谋叛”和“妖书”罪名为重心，判决结果是汤若望等人“谋叛”罪名成立，然而这一罪名却因顺治曾经对汤若望“守教奉神”的褒奖而无法执行。历狱审判转入以历法和误择荣亲王葬期为中心的审讯，并最终以此判处汤若望等人。历狱中对解送至北京的传教士之审讯，紧紧围绕其传教行为是否受汤若望的指使展开。历法和误择荣亲王葬期并非康熙历狱争论的焦点，以何种罪名判处汤若望才是历狱审讯的关键所在。

康熙历狱后，清廷命杨光先到钦天监供职，杨光先前后五次上书恳辞钦天监任命，清廷不允。杨光先到监任职后，极力打压监内精通西法者，依靠熟习回回历法的吴明烜制历。由于康熙七年历日前所未有地出现一年两闰的情况，在朝中无知历之人的背景下，康熙向南怀仁征询意见，南怀仁建议以测验的方法检验中西历法之优劣。南怀仁在测验日影、五星测报等活动中成功击败杨光先、吴明烜两人，并从理论上剖析吴明烜测天方法的不通之处，由此重新确立了西法的正统地位。在有关置闰、紫气等问题的争辩中，南怀仁坚持以西法为准，康熙倾向于以钦天监众人的意见作为最后裁决的依据，由于西法在历法优劣的测验中获得压倒性优势，钦天监人员选择支持南怀仁。南怀仁为了推翻康熙历狱中汤若望误择葬期的罪名，撰写文章极力批驳选择术无法推定吉凶祸福。鳌拜下台后的政治局势发生变化，在一片平反冤假错案的浪潮中，南怀仁等人上奏指责杨光先倚恃权奸，诬告汤若望，清廷重新审查后认为使用洪范五行选择荣亲王葬期并无不妥之处。康熙对待历法和汤若望案的态度成为影响康熙历狱翻案的关键因素，南怀仁则审时度势巧妙地利用西法在测验方面的优势和政局的变化成功地为康熙历狱翻案。

康熙八年，康熙任命南怀仁治理历法，南怀仁治理历法期间的主要工作可以概括为：同反对西法者做斗争；采取措施保证西法在钦天监的主导地位；依新法占候和为清廷铸造火炮。南怀仁在为清廷治理历法、铸造火炮的过程中恪尽职守、兢兢业业，一步步赢得了康熙的信任，康熙得出传教士真实可信的判断。与此同时，南怀仁积极拓展传教空间，逐步形成了宽松的传教氛围。康熙在南巡时有意考察各地传教士后，认为传教士并不为非作歹。杭州教案的爆发，打破了康熙企图维持的禁止传教与默许传教间的“平衡”状态，在确认天主教的传播不会威胁到清朝的统治后，康熙最终决定颁布容教令。

论文中还以百刻制与九十六刻制的论争为例，分析了中西历法之争。明末清初在耶稣会士的推动下，西方采用九十六刻制纪时的观点流传开来。顺治年间九十六刻制曾被推行，康熙历狱中杨光先与汤若望就百刻制与九十六刻制展开论争，九十六刻制成为西法的错误之一。南怀仁为历狱翻案时，重申了九十六刻制与十二时辰制配合更为简便的观点，伴随着西方历法正统地位的重新确立，九十六刻制最终在中国确立。九十六刻制的命运与西方历法的地位紧密联系在一起，百刻制与九十六刻制论争的根源在于中西历法采取不同的计量体系。

通过论述，我们发现西方历法的地位、耶稣会士与皇权的关系、传教士在华的传教事业之间息息相关，三者是“同呼吸、共命运”的关系。耶稣会士最初希望借助西方历法留在中国，进而开展传教事业，而随着事态的发展，西方历法渐渐演变为他们接近皇权的“通天捷径”。汤若望不但通过西法接近了皇权，他还试图利用星占和选择术影响和左右皇权。由于汤若望卷入有关五世达赖喇嘛进京的论争，在政治局势发生变化时，西法的正统地位被推翻，清廷亦开始干预传教事业，下令禁止天主教在华传播，耶稣会士与最高统治者之间的“通天捷径”也被切断。康熙八年，南怀仁审时度势重新确立了西法的正统地位，西方天文历法知识又一次被作为“通天捷径”，建立了耶稣会士与最高统治阶层的联系。南怀仁主张依靠尽心竭力为清廷效劳以赢得统治者对传教的许可，康熙在确认天主教的传播不会威胁到清朝的统治后，授意内阁及礼部颁发容教令。

清末民初新型知识分子科学中国化实践研究
——以虞和钦为中心

作者：**王细荣**
导师：**江晓原**
学位：**博士**
授学位学校：**上海交通大学**
答辩时间：**2012 年 6 月 13 日**

关键词 虞和钦；科学中国化；新型知识分子

“科学的中国化”即是科学的本土化，包括纯粹知识引进的科学传播和从主观上真正“把西洋的科学变为中国的科学”的西方科学传统移植两个理论上不可分割的方面。中日甲午战争后，面对日渐式微的国势，一批脱胎于中国传统士人的先知先觉者，开始将眼光投向西方科学，“西学东渐”遂进入科学启蒙时期。这一时期，一批先知先觉的新型知识分子成为科学传播的主体，传播的内容亦逐渐从科学知识，扩展到科学知识与科学传统、科学思想等并举，即他们通过科学研习、科学翻译、科学教育和科学实业等策略或路径，实现“科学的中国化”。虞和钦便是这类新型知识分子的最具代表者。

一、虞和钦生平述略

虞和钦（1879—1944），字自勋，仕名铭新，1879 年 12 月 11 日（光绪五年十月二十八日）出生在浙江镇海县海晏乡柴桥老上境（今属宁波北仑区柴桥街道）的一个儒贾世家。他的高祖、曾祖均系清代国子监生，好诗文，以经商为生。他的父亲虞景璜（1862—1893），字澹初，则是一位地地道道的业儒。7 岁时，虞和钦就开始随父诵读经书，研习词章。虞和钦幼秉庭训，诵经读史，工诗古文辞，为他日后的科学中国化实践奠定了坚实的语言文字基础。

甲午战争后，外患日亟。虞和钦始知仅恃旧学不足以御侮，始志于西学，并先后在家乡柴桥、鄞城（今宁波市鄞州区）、上海从事科学传播与实业活动。1905 年初，虞和钦负笈东瀛，在东京帝国大学（今东京大学）专攻化学。3 年后学成归国，通过部试和廷试后，任清廷学部图书局理科总编纂、游学毕业生部试格致科襄校官，并以“硕学通儒”资格钦选资政院候补议员。民国时期，担任过北洋政府教育部主事、视学、编审员，以及山西和热河省教育厅厅长，绥远实业厅长等职。1923—1929 年间，应冯玉祥、商震等军政要人之邀，参赞莲幕。1929 年 10 月，因疲于军阀间的争斗，主动离开军政界，次年 4 月返沪置办实业。1944 年 8 月 12 日，因病在上海寓所逝世。

虞和钦一生所学所事，多属始创，其中不少为“中国第一”。他是近代中国“科学救国”“实业救国”“教育救国”思想的积极践行者，且贡献良多，正所谓“有功于世，有裨于学，无量也”①。

二、科学知识的引介与传播

尽管“科学的中国化”问题在 20 世纪二三十年代才被中国

① 虞和钦．和钦先生事略（学案附）．浙江宁波市镇海区档案馆．档案号：161311－5，第 179 页．

学界广泛关注、讨论，但其实践的历史则最早可追溯到明末清初，不过直到 1900 年前后，国人才成为主角，且进入大规模传播科学知识的时代，虞和钦即是这一时期科学中国化的实践者之一。他在科学研习实践中，不但以敏锐的科学眼光，向国人引介一些具体的科学基本理论、定律，阐释科学术语、科学名词，而且还引介和制订科学命名法，从而为科学名词的统一化和标准化奠定了基础，促进了西方科学知识在近代中国的传播。虞和钦的这些工作，尤以化学学科最为典型。

1901 年 3 月 13 日，虞和钦在《亚泉杂志》第 6 册（期）上发表了《化学周期律》一文，最早完整地向国人介绍“元素周期律”和“元素周期表”，促进了化学学科在近代中国的发展。

1902 年 1 月，虞和钦在《普通学报》辛丑第 3 期上发表《化学命名法》，首次将日本“某化某式”的无机物命名法引介到中国，并被不少学者（如王季烈、尤金铺等）在编译实践中采纳，从而对后来我国无机化合物命名规则的制订具有可操作性的指导作用。

1908 年 8 月 6 日，虞和钦出版《有机化学命名草》，建立了一套系统的有机物意译命名体系。全书不造一个新汉字，使得当时已知的有机物均有相应的汉译名，表现出之前傅兰雅等人的译音命名法无法比拟的系统性和科学性。郑贞文等在扬弃虞和钦确立的一些意译命名原则和具体方法的基础上，对我国有机化学定名事业又做了许多开创性的工作。正因为如此，虞和钦厘定的这个有机化学系统命名原则，能成为我国现行命名法的源本。

三、西方科学传统的移植

虞和钦组织成立科学社团，创办传播科学新知或基于科学新知的实业，主编科学期刊，充任理科教员，编译科学教材等工作，是其“科学的中国化”实践的另一个层面。

1899 年，虞和钦与钟观光等若干志同道合者，在自己家中创设近代中国最早的科学组织之一——“实学社”，即后人所称的

“四明实学会”。1911 年 8、9 月间，他与同道成立“京师化学会”，并被选为学会“编辑主任员”①。然“甫成一会，而遭逢事变，又复阒然”。1912 年初，为竟京师化学会的前功，虞和钦与沪上旧时同道，又成立了“中国化学会”，并被推举为学会干事。京师化学会和中国化学会，其组织形式和学会章程，既继承了欧洲发达国家的化学会设置，又充分考虑当时中国国情和化学工作者实情，故它们的活动计划具有可操作性，对后来中国化学学术团体的建设，促进中国近代化学的建制化等方面，有一定的启示作用。

虞和钦一生所置办的实业，如早年的灵光造磷厂、科学仪器馆，晚年的开成造酸厂、开明电器厂、建夏化学工业社，均为科学实业，其中最具代表者为科学仪器馆、开成造酸厂和开明电器厂。1901 年 12 月，虞和钦与钟观光等实学社会员，开办专门经营、制（仿）造科学仪器等教学用品的科学仪器馆。不到几年工夫，科学仪器馆便誉满沪上，乃至全国，后来发展成为一堪与商务印书馆比肩的“文化事业中之最有名望者”。1933 年 2 月 1 日开始正式投产的开成造酸厂，是虞和钦退出军政界开办的首家实业公司，也是我国首家专门的民族硫酸制造企业。1939 年 2 月开始投产的开明电器厂，是虞和钦在抗战期间创办的实业，也是他晚年意欲为国效力的产物，且为他兴办实业中经营时间最长、产品销路最好的一例。

1903 年 3 月，虞和钦与科学仪器馆的同人创办了《科学世界》，并成为该刊实际的主编兼主笔。虞和钦主编《科学世界》近两年时间，共出版 10 期，不仅传播科学新知、绍介实业技能、宣扬科学思想、提供科学教育方法与教科内容，而且还在广告中登载一些进步书刊的出版信息，体现了虞和钦办刊的科学性、思想性与进步性兼具的倾向。

虞和钦在早年科学传播实践中，先后在爱国学社、爱国女校、科学仪器馆内设的理科讲（传）习所、北京顺天高等学堂、

① 中国第一历史档案馆．清末结社集会档案［J］．历史档案，2012（1）：35－79.

京师优级师范学堂等校所担任理科教员。另外，虞和钦在 1902—1917 年间，还积极为学校编写或翻译理科教材。其中一些化学教科书，一版再版，多次印行，极大地促进了近代化学的本土化。

四、科学思想的阐释

虞和钦“科学的中国化”实践也体现在他对西方科学思想的阐释上。他在早年科学传播实践中，将西方的科学称为“理学”，并认为：阐明自然之理的“理学”是生产力，可“补益”“消长”中国传统的医学。

1904 年 11 月，虞和钦在《科学世界》第 10 号上发表《原理学》一文，对自然科学进行了明确的界定：“理学”即理科之学，唯有它才能阐明自然之理；同时提出他的“科学救国论”：理学的发达，有助于国人认识自然和世界，进而改变自己当时所处的社会经济状况，从而使自己处在社会竞争中的有利地位。

1903 年，虞和钦发表《现今世界其节省劳力之竞争场乎》（载《科学世界》第 6 号），阐述了理学是生产力的科学思想，正确地反映了科学、技术和经济的关系，即社会生产力取决于技术，技术又借以科学，从而可引导更多的国人转向科学的研习。

1903 年 10 月，虞和钦发表《理学与汉医》（载《科学世界》第 8 号），在欣赏基于西方科学的西医的同时，对中医的一些弊端有充分的认识，并主张以西方理学来改造传统的中医，以免古老的中医将中华民族带入“灭种”的可怕境地。

五、结语

虞和钦在 19、20 世纪之交由一名中国传统士人转变为一名醉心科学的新型知识分子。他与同时代的中国其他新型知识分子一道，取代西方传教士而构成 20 世纪初科学中国化实践的一支重要力量。受浙东家乡文化和儒商家庭教育的濡染，他的“科学的中国化”实践，表现出明显的宁波帮特点，如以学缘、地缘为纽带，结成科学传播团队；以实业为目的与手段，研习与传播科学；以上海为中心，辐射全国；以桐城派的语言风格为著译旨归，力求科学传播的平民化。虞和钦的科学中国化实践，多为始创性的工作，促进了西方科学知识及科学传统在中国生根，他堪称中国从传统到现代转型时期的弄潮儿、中国近代化的推波助澜者。

科学传播视角下对中国典型科普图书的隐喻研究

作者：**宗　棕**
导师：**刘　兵**
学位：**博士**
学科：**科学技术哲学**
授学位学校：**清华大学**
答辩时间：**2013年6月1日**

关键词　STS；科学传播；科普图书；隐喻

科普图书作为科学传播的重要媒介，在科学知识通俗化和塑造科学的形象方面发挥着重要作用，因此，对科普图书的研究也是我国科学传播理论研究不可忽视的研究进路。国内对科普图书的研究主要集中在出版界学者的一些行业内定量研究，而科学传播理论研究主要集中于对科普内容、题材的选择，科普作者背景等的研究，并未形成深入科普图书的文本，考察其语言风格、修辞使用的研究路径；然而，由于科普图书的创作受社会背景和作者背景的影响，随着社会和时代的变迁表现出极大的差异性，并由此反映出不同时期科学传播理念的差异和变化，因此，对科普图书的文本分析也是十分必要的，同样也是科学传播理论研究中不可忽视的研究方法和研究路径。

20 世纪 80 年代，雷考夫和约翰逊提出概念隐喻理论，认为隐喻是人类赖以生存的交流方式和认知手段，隐喻由一种修辞方法转变为思维的基本形式，这一新的理论也将隐喻研究从单纯的理论研究扩展至文本分析的经验研究。本论文将隐喻用于对科普图书的文本分析和研究，一方面借鉴了文学批评对文学作品修辞分析的研究方法，考察隐喻在科学通俗化、促进读者对科学内容的理解方面的作用；另一方面借鉴了科学知识社会学对于科学文本中修辞的分析和研究，考察隐喻对于科学形象的社会建构，以及对于科普观和科学观的影响。本论文主要从以下几个方面展开：

首先，选取国内不同时期具有典型性的科普图书作为案例研究对象。选择那些具有时代代表性、流传度高、对于科学传播有重要意义的科普图书，业内的评价和图书的发行量也是作为案例选择的依据。案例的选择并不受自然科学学科的限制，也不局限于特定的阅读群体，而是面向一般公众的大众化的科普图书。

其次，建立科普图书中隐喻使用的语料库。对选取的案例图书中的隐喻进行地毯式搜索，将使用隐喻的句子摘录下来形成语料库，作为隐喻分析的基础和资源。由于缺乏汉语隐喻的语料库和相关的分析软件，这项工作只能由作者进行人工检索和摘录，因此，隐喻的选择难免有疏漏，会影响定量研究的结果，但是对科普图书中隐喻使用的定性研究结果的影响并不大。

再次，分析科普图书中的隐喻使用。在隐喻语料库的基础上，对科普图书中使用的隐喻进行统计，按功能分类（如科学通俗化隐喻），并且根据常用概念隐喻的喻体进行重新分类（如军事隐喻、建筑隐喻、日常生活隐喻等），做定量研究，确定隐喻分析的对象和类别。在定量研究的基础上再进行定性的研究，分析隐喻使用的原因和目的，并将隐喻还原到具体语境中进行分析，揭示出科普图书中隐喻使用的语境性特点。

最后，探讨科普图书中隐喻使用的科学传播意义。通过对隐喻的统计和分析，考察 20 世纪 30 年代至今不同时期科普作品中隐喻使用的特点和差异，并由此反映出科普内容、科普方式以及科普语言形式的变化，从而折射出近百年来中国科学传播普及的历史。此外，通过研究科普图书中的隐喻使用可以深入地理解科学传播的本质，对于科学传播中科学内容的准确性问题作进一步的反思，并从隐喻使用角度为如何做好科学传播提供建议。

总之，科学传播视角下对中国典型科普图书中的隐喻研究表明：第一，科普图书中使用了大量的隐喻，用来将抽象的科学理论和晦涩的科学术语进行通俗化处理，便于公众理解与接受。同时，科普图书中的隐喻使用不仅作为科学通俗化的方法，而且反映出图书创作年代的政治、文化、意识形态以及作者的个人经历，具有语境性特点。第二，不同时期科普图书中的隐喻使用反映出科普作者的科学观，科普图书不仅是科学知识传播的载体和媒介，而且承担了建构科学的公众形象的任务。第三，科普图书中的隐喻使用反映出传统科普观念中通俗性和准确性的悖论性质。第四，对于科普作者，隐喻是科普创作中必然使用的方法，科普目标和科普内容会影响隐喻使用的数量和形式。同时，科普图书读者的需求和兴趣是科普作者必须关注的问题，隐喻使用反映出作者对读者阅读偏好和兴趣的迎合，因此，读者并不是科普图书的被动接受者，而是间接参与了科普图书的创作。第四，通过对科普图书中的隐喻分析，揭示出科普文本与科学文本、文学文本隐喻使用的异同，认为科普图书可以被看作一种以科学为主题的文学形式。

本论文属于科学传播理论研究，但不同于传统的科学传播理论通过科学传播模型的研究来促进公众理解科学（PUST）和公众参与科学（PEST），从而为科学技术的发展营造良好的社会氛围和公众支持的研究范式，而是通过分析科普文本的隐喻，研究科学传播的手段及其特点，将科学传播置于科学技术与社会（STS）的语境中，更深入地理解科学传播的本质。因此对于扩展科学传播理论的研究内容，推动科学传播理论发展有重要的意义。

通过考察科普文本来进行科学传播理论的研究也是一个独特的研究视角，使用隐喻理论对科普文本进行分析也是本论文在研究方法上的一次尝试，对促进科普文本的理论研究有积极的意义。